近海大气典型污染物的赋存特征及干沉降研究

——以秦皇岛近海为例

JINHAI DAQI DIANXING WURANWU DE FUCUN TEZHENG JI GANCHENJIANG YANJIU—YI QINHUANGDAO JINHAI WEILI

于丽敏　张 冲　李 茹　著

中国环境出版集团·北京

图书在版编目（CIP）数据

近海大气典型污染物的赋存特征及干沉降研究 ：以秦皇岛近海为例 / 于丽敏，张冲，李茹著. -- 北京 ：中国环境出版集团，2024. 10. -- ISBN 978-7-5111-6059-1

Ⅰ. X51

中国国家版本馆 CIP 数据核字第 202429F2X8 号

责任编辑 韩　睿
封面设计 彭　杉

出版发行 中国环境出版集团
（100062　北京市东城区广渠门内大街 16 号）
网　　址：http://www.cesp.com.cn
电子邮箱：bjgl@cesp.com.cn
联系电话：010-67112765（编辑管理部）
发行热线：010-67125803，010-67113405（传真）

印　　刷 北京中科印刷有限公司
经　　销 各地新华书店
版　　次 2024 年 10 月第 1 版
印　　次 2024 年 10 月第 1 次印刷
开　　本 787×960　1/16
印　　张 11.75
字　　数 190 千字
定　　价 88.00 元

前言

大气作为人类活动产生污染物的重要载体，能够携带污染物随气团向海洋输送，并以大气沉降的方式进入海洋，大气沉降是海洋污染的重要来源之一[1]。国内外长期研究结果显示，从全球角度来看，大气沉降对海洋环境输入的营养物质、重金属等污染物的贡献与河流输入量相当，部分区域甚至超过河流输入量。可以说，近岸海域水质污染、水体富营养化等环境问题与大气污染物的传输与沉降密切相关[2]，污染物质的大气沉降已成为一些重要国际计划的前沿研究内容[3]。过去的一段时期内，我国的海洋环境污染治理主要对标入海河流和入海排污口，在一定程度上有效减少了陆源污染物入海量，我国的海洋环境质量整体有所改善。然而，局部污染问题出现反复，呈现出一定的复杂性。实际上，在当前陆源径流输入污染物量不断减少的背景下，大气沉降的贡献比例呈现出不断增大的趋势，今后如继续仅依靠单纯的陆源污染治理，将难以保证海洋环境质量的进一步根本好转。最新修订的《中华人民共和国海洋环境保护法》第六十条明确指出：国家采取必要措施，防止、减少和控制来自大气层或者通过大气层造成的海洋环境污染损害。可见，关注海洋大气污染物向我国近岸海域的传输、沉降及其对海洋生态环境的影响已成为近岸海域污染防治攻坚战中不可忽视的重要方向，也是推动我国海洋生态环境发生根本改变的重要一环。

干沉降和湿沉降是大气污染物进入海洋的两种主要方式。其中，湿沉降主要集中在降雨时段发生，对大气污染物的瞬间清除作用较为明显；相较于湿沉降，干沉降是一个连续发生的大气污染物清除过程，持续时间长、影响范围广[4,5]，因此其对海洋污染物质的输入贡献不亚于湿沉降，尤其在降雨较少的区域，干沉降显得尤为重要。然而，因现场观测资料缺乏和干沉降过程的复杂性，干沉降通量的评估还存在许多不确定性，仍是海洋与大气物质交换研究的热点问题之一[6]。

氮、磷是人类活动产生的大气污染物中与海洋初级生产力关系最为密切的要素，也是海洋浮游生物生长的重要生源要素，大气颗粒物中的氮磷组分无时无刻不在向海洋输送，这些物质过多地向海洋输入能够改变水体的营养结构，引发富营养化，破坏海洋生物群落结构；引发海洋生态环境恶化，赤潮频发，严重影响海洋生态系统平衡及其功能的发挥，成为影响海洋生物地球化学循环的关键过程之一[3,7]。

有机污染问题已成为当今三大全球性污染事件之一。持久性有机污染物（POPs）既包括传统的持久性有毒污染物，也包括新型的持久性有机污染物，其主要来源于人类生产活动，难以降解，能够长期存在于环境介质中，可在生物体内富集并随食物链的传递而逐渐积累和放大，多数具有“三致”（致畸、致癌和致突变）特性[8]。其中，半挥发性有机物（SVOCs）因其具有半挥发性，能够在一定的条件下挥发，进入大气环境，在大气中以气态形式存在或者附着于大气气溶胶颗粒物表面，随大气流动并发生远距离迁移，产生“蚱蜢跳效应”和“全球蒸馏”，使 SVOCs 遍布于全球各个角落（图 0-1）。海洋是这些有机污染物重要的汇[9]。多环芳烃（PAHs）作为一种典型的有机污染物，毒性极强，具有强烈的“三致”作用，目前已有 16 种 PAHs 被列入欧盟和美国环保部门制定的优先控制污染物名单，也是长期以来我国海洋环境中优先监测和控制的污染物[10,11]。短链氯化石蜡（SCCPs），也称短链氯化正构烷烃，于 2017 年 5 月被正式列入《斯德哥尔摩公约》附件 A 的受控清单，成为当前国内外环境科学研究领域新的热点问题[12]。有必要开展这些典型 POPs 在中纬度城市近海的赋存特征及沉降研究，以便我们更好地理解其在环境中的归趋以及生物地球化学循环过程。

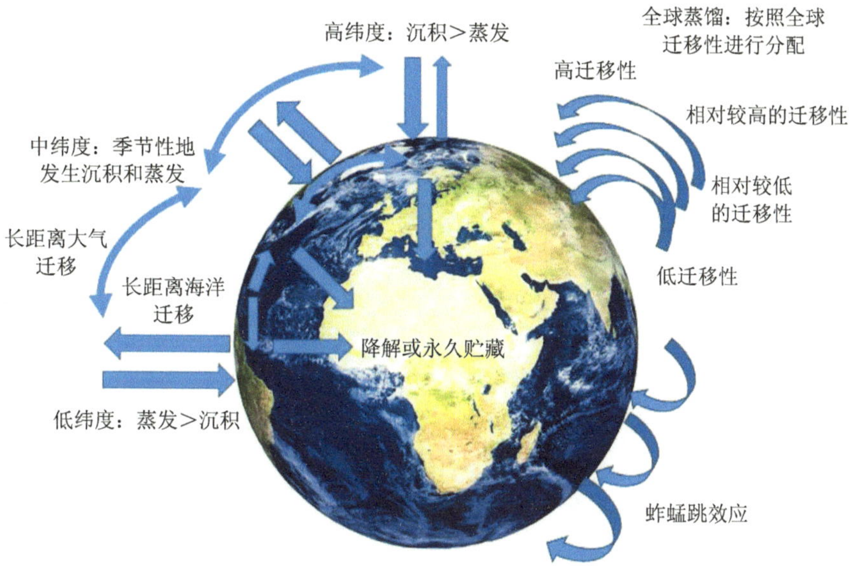

图 0-1 持久性有机污染物全球迁移过程

本书聚焦近海大气典型污染物的赋存特征及干沉降，以秦皇岛近海为例，对大气气溶胶中氮磷物质（典型无机要素）、PAHs（传统典型有机污染物）和 SCCPs（新型持久性有机污染物）的污染特征及海-气界面沉降进行系统研究。研究结果将有助于全面揭示近海典型人为活动污染物的污染特征和向海域的迁移机制与沉降通量，丰富生源要素和典型 POPs 的环境地球化学循环理论，为大气污染防治和渤海污染治理提供依据和参考。

感谢国家重点研发计划课题“渤海入海污染物准实时连续监测与通量估算技术研究”（2018YFC1407601）和“阻燃剂类新污染物环境行为及生态效应评估技术”（2022YFC3105500）对本书的资助。

由于作者能力有限，本书中的不足之处在所难免，敬请广大读者批评、指正！

作者

2024 年 9 月

目录

1 绪 论

1.1 研究目标和研究意义

大气是环境中许多污染物的重要载体，在过去的几十年中，人类活动增强和自然环境变化极大地增加了大气中污染物的含量。秦皇岛位于渤海西部，常住人口为 310 万，为中国北方重要工业聚集区——京津冀地区的组成部分，处于北方城市群的下风向，是中国北方重污染的边缘区。近年来，随着人类生活生产活动的增强、自然地理环境的变化，大气污染物质向其下风向渤海海域的输送可能对海域的生态环境产生重要影响，然而该区域以往的污染治理研究多从入海河流和入海排污口入手，忽视了日益增强的大气污染物输入。关注海洋大气污染物向我国近岸海域的传输、沉降及对海洋生态环境的影响已成为近岸海域污染防治攻坚战中不可忽视的重要方向，也是推动我国海洋生态环境发生根本改变的重要一环。大气干沉降因现场观测资料缺乏和干沉降过程的复杂性，其沉降通量的评估还存在许多不确定性，仍是海洋与大气物质交换研究的热点问题之一[6]。本书将与富营养化相关的关键生源要素氮、磷和典型有机污染物作为对象，系统研究其在大气中的污染特征、来源和干沉降，研究结果将有助于揭示近海与人为活动有关的典型大气污染物污染状况及向海域的迁移沉降，丰富生源要素和典型有机污染物的环境地球化学循环理论。

1.2 研究内容

1.2.1 近海大气中典型污染物的干沉降研究进展

本书系统梳理了当前对大气气溶胶中氮磷组分环境行为的研究进展，阐述了大气气溶胶中氮磷组分的存在形态、全球范围内的时空分布、在不同粒径段的分布，以及氮磷组分的来源及来源解析方法，论述了大气中典型的传统有机污染物PAHs和新污染物SCCPs的时空分布、与全球传输机制密切相关的气固分配行为以及来源、源解析方法的研究进展，在此基础上，着重突出论述了大气污染物干沉降通量评估的研究进展，包括大气颗粒态污染物沉降通量的评估方法和SVOCs海-气界面交换通量评估方法。

1.2.2 秦皇岛近海大气气溶胶中氮磷组分的污染特征及来源

研究秦皇岛近海大气气溶胶中氮磷组分的全形态组成，关注非水溶性氮磷组分的含量和比例，分析大气气溶胶中氮磷组分的时空分布和粒径分布特征，探讨霾和沙尘天气对秦皇岛近海大气气溶胶中氮磷组分的影响，结合后向轨迹和聚类分析，识别秦皇岛近海大气气溶胶中氮磷组分的潜在源区，并开展定量化讨论。

1.2.3 秦皇岛近海大气中典型有机物的赋存特征、气固分配及来源

研究秦皇岛近海大气传统有机污染物PAHs和新兴有机污染物SCCPs的含量水平、时空分布以及在不同粒径大气颗粒物上的粒径分布特征，分析不同PAHs单体和SCCPs单体的污染模式，探讨大气中PAHs和SCCPs的气固分配行为及影响因素，识别秦皇岛近海大气中PAHs和SCCPs污染来源的类型和区域。

1.2.4 秦皇岛近海大气气溶胶中氮磷组分和大气典型有机污染物的干沉降

基于颗粒态污染物的粒径分布特征，采用间接估算法，估算秦皇岛近海大气中颗粒态氮磷组分和颗粒态典型有机污染物的干沉降通量，并基于Whitman双膜

理论评估气态 POPs 的干沉降通量，在此基础上评估秦皇岛近海大气气溶胶中氮磷组分和典型有机污染物的年干沉降总量。通过对比大气干沉降输入至秦皇岛近岸的氮磷量与陆源输入量（河流+排污口），初步探讨秦皇岛近岸大气干沉降对海域氮磷污染的贡献。

1.3 技术路线

将秦皇岛近海作为目标区域，通过设置近岸城区、近岸郊区和海上 3 个采样点，开展连续 1 年的大气气溶胶采样，对大气气溶胶中氮磷组分、PAHs 和 SCCPs 的污染特征及干沉降进行系统研究，总体技术路线见图 1-1。

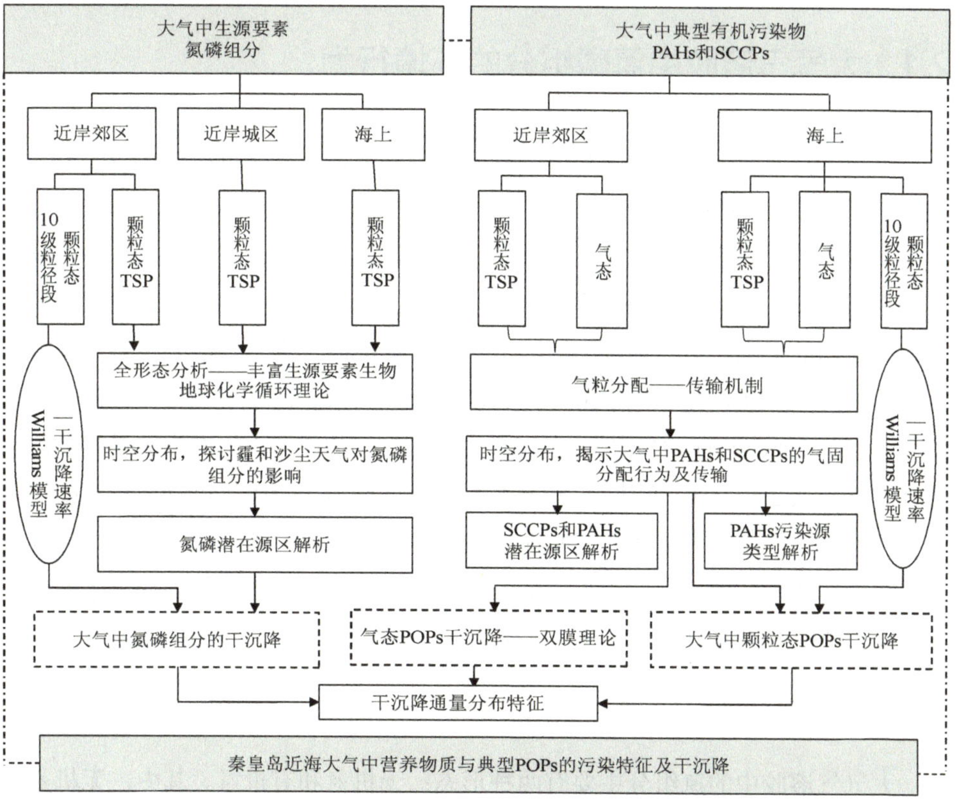

图 1-1 本研究的技术路线

2 相关研究进展

2.1 大气气溶胶中氮磷组分的环境行为

氮、磷是海洋浮游植物生长所必需的生源要素，也是维持海洋初级生产力的基础[3]。在海洋污染的众多来源中，大气沉降是海洋尤其是远离陆地的大洋中营养物质入海的重要途径[13,14]。通过大气沉降输入至海洋真光层的氮、磷营养物质可分别满足海洋生物所需氮、磷的5.1%和0.12%[15]。在过去的几十年里，人类生活生产活动的增强、自然地理环境的变化显著地提高了大气气溶胶中氮、磷等污染物的浓度[1]。初步估算，到2030年，全球范围内人类活动增强将会导致氮的排放量增加至2000年的125%[16]，也有预计人为引起的磷向大气的排放量将会比自然排放量增加2.5～5倍[17,18]，这势必会导致大气中氮、磷等污染物向海洋的沉降量有所增加[16,19,20]，从而进一步加剧富营养化、赤（褐）潮、生物群落结构改变等海洋生态环境问题。因此营养物质的大气沉降受到越来越多的关注。下面就大气中氮、磷营养物质的沉降形态、粒径分布、来源、影响机制等方面进行阐述。

2.1.1 大气气溶胶中氮磷组分的形态

大气气溶胶中的氮组分主要有两种形态：无机氮和有机氮。其中，无机氮包括水溶性离子和气态氮，无机水溶性离子态的氮组分主要是NH_4^+-N、NO_3^--N和

NO_2^--N，气态氮一般包括 NH_3、NO_x、HNO_3、HNO_2 等[20,21]。气态的 HNO_3 和 NO_x 在陆地大气中一般占较高比重，而在海洋大气气溶胶中，因为海盐气溶胶容易与大气中的氮组分相互作用，导致 HNO_3 和 NO_x 更多地转化为颗粒态硝酸盐的形式存在[22,23]。有机氮大致被分以下几类：还原态有机氮（如氨基酸、尿素等）、氧化态有机氮（有机硝酸酯）和生物质氮[24]。其中，还原态有机氮最为常见[25,26]。当前，海洋大气关于氮沉降的研究更多集中在大气颗粒物中的氮组分上，气态氮相对较少。与大气中的氮组分类似，大气中的磷组分也可分为有机态和无机态两种，有机磷包括膦酸酯和磷酸酯[27,28]，无机磷包括活性磷酸盐及焦磷酸盐、多磷酸盐等。大气中的磷与氮有所不同，磷主要以气溶胶颗粒物的形式存在于大气中，而且在大气中的形态相对比较稳定[29]。因此，无论是陆地大气还是海洋大气，大气中磷组分的研究均以气溶胶颗粒物为主。

研究表明，大气气溶胶中氮含量相对较高，且在人类活动的影响下，大气中的氮组分持续增加，尤其是无机氮中的 NH_4^+-N 和 NO_3^--N 的含量急剧升高，而磷组分的含量较低[30-36]。目前，国内外对大气气溶胶中氮磷组分的研究主要集中在无机氮磷，对有机氮磷的关注程度相对较低。当前的研究显示，大气中有机氮占总氮的比例为 10%～40%，平均值可达 36.1%[37,38]。有学者通过全球三维化学传输模型[39]计算出有机磷占总磷的比例为 3%～90%。此外，从少数的实测数据研究来看，不同区域大气中有机磷的研究结果差别较大：青岛和黄渤海有机磷占总磷的比例在 41%～44%[40]，新加坡约为 69%[31]，地中海近岸约为 6%[41]，台湾北部为 10%～30%[42]，这可能与大气磷组分的来源复杂有关。

2.1.2　大气气溶胶中氮磷组分的时空分布和溶解性

研究表明，氮磷组分的时空分布存在较大的差异性，一般来说，大气气溶胶中氮磷组分的含量大致分布规律为陆地城市高于近岸或近海[43]，而近海大气中的氮磷含量又明显高于外海或开阔大洋[44]。受气象条件、大气边界层的物理过程、大气污染物的来源、传输过程中的均相或非均相化学转化等因素的影响，不同时间、不同区域大气气溶胶中氮磷组分的含量、组成和沉降通量也各不相同[43,45-48]。研究发现，近岸和海洋大气气溶胶中氮组分的浓度通常较高，而磷组分的浓度相对较低，由此可能会导致海湾的营养结构发生一定变化[34]。近年来，沙尘等特殊天气过程频繁，不少学者开始研究沙尘天气过程对大气向海洋输入氮磷物质的影响。例如，Shi 等[43]的研究发现沙尘天气导致黄海的大气氮磷浓度显著升高，也有研究发现，沙尘暴给西地中海带来的无机磷沉降量对海域的营养物质有重要贡献[49]。灰霾天气发生时，空气中有大量二次污染物生成，氮、磷作为其中重要的组分必定会受到较大影响，然而当前有关霾的研究多集中在陆域，而对近海大气气溶胶有关霾的研究相对较少。

按大气气溶胶中氮磷组分的溶解性，分为水溶性氮磷组分和非水溶性氮磷组分。其中水溶性氮磷组分沉降入海后，多数可直接被浮游生物利用，是海洋初级生产者生长所必需的营养素[50-52]。上述有关无机氮、无机磷、有机氮/总氮、有机磷/总磷的研究多与水溶性组分有关。现有研究中能找到的少数非水溶性磷的研究结果表明，大气气溶胶中非水溶性磷占总磷的比例超过 60%[53-55]，非水溶性氮的研究则更为少见。可见当前人们对气溶胶中非水溶性氮磷组分的认识明显不足。事实上，非水溶性氮磷组分虽然不能被大多数浮游生物直接利用，但仍是水体中生物可利用营养组分的潜在来源[56-58]。部分非水溶性有机氮可以通过矿化作用再生为生物可利用氮[59]，非水溶性磷则可被吸附到生物和非生物颗粒以及细胞内储存，从而参与生物地球化学循环[60,61]。因此，忽略大气沉降中非水溶性氮磷组分的研究会低估氮磷在海洋生物地球化学循环中的作用。

2.1.3 大气气溶胶中氮磷组分的粒径分布

大气气溶胶中颗粒物的粒径大小，一般用等效直径来表述，该参数决定了颗粒物在大气中的物理性质、化学性质和存留时间，对于揭示和研究有关大气污染的形成机制、污染来源及传输规律，研究其在大气中的留存时间、向下垫面的沉降过程[62,63]，以及其生物可利用性具有重要意义[64-66]。目前，海洋大气颗粒物中污染组分粒径分布的研究多集中于无机氮组分。研究结果显示，大气中的 NH_4^+-N 多存在于细颗粒物中，多来源于 NH_3 与其他酸性气体的二次气粒转化[66-68]。而 NO_3^--N 的粒径分布规律与 NH_4^+-N 有所不同。NO_3^--N 的粒径分布一方面与大气中的 HNO_3 气体和氨的浓度相关，另一方面也同所在区域的背景化学成分和温湿度等气象条件相关。当环境气体中气象条件以及 NH_3、HNO_3 的含量有利于 NH_4NO_3 及其他铵盐的生成时，二次生成的气溶胶粒子多为细颗粒物，硝酸盐易存在于细粒子中，反之易存在于粗粒子中[69]。此外，沙尘暴期间，空气中的粗粒子增长幅度达320%～400%[70]，HNO_3 气体/NO_x 与钙等地壳元素相互作用，在地壳沙尘气溶胶表面形成 $Ca(NO_3)_2$，这也是沙尘天气下 NO_3^--N 在粗粒子粒径段含量增高的重要原因[71,72]。同样在沿海地区，海盐气溶胶的氯亏损与沙尘粗离子的反应类似，这可能是沿海地区大粒径的硝酸盐气溶胶粒子的重要来源之一[73,74]。近海空气中含有大量的海盐粗粒子，在湿度较大的情形下，与空气中的 NO_x 气体形成 $NaCl(CaCO_3)$-NO_x-H_2O（汽）-空气体系，在光化学反应条件下，NO_x 在较粗的海盐粒子表面转化为 $NaNO_3$/$Ca(NO_3)_2$。因上述因素的影响，大气气溶胶中无机氮组分粒径分布呈现明显的季节变化特征[66,67]。

对于大气气溶胶中磷组分的粒径分布研究，目前仅见零星报道。2008年，Chen等[75]最先在台湾北部沿海开展了大气气溶胶中磷组分粒径分布的研究，研究表明在冬季或早春季节，因气流来源以陆源的长距离传输气流为主，带来了大陆的生物质燃烧组分，使磷组分在细粒子区间含量明显增加，而海洋来源的气团中，总磷和无机磷粒径分布在较小的范围内变化，粗颗粒中的浓度略高于细颗粒中的浓度。Vicars等于2010年在加利福尼亚州南部的研究表明，大气气溶胶中的磷组分主要富集于空气动力学直径大于1 μm的粒子中，并且特别富集在1.0～3.2 μm的粒径，大气TP浓度为11～75 ng/m^3［平均值=（37±16）ng/m^3］，并且以无机磷为主[76]。近10年来，关于我国近海大气气溶胶中磷组分粒径分布的研究尚未开展。

2.1.4 大气气溶胶中氮磷组分的来源及来源解析方法

2.1.4.1 氮磷组分来源

相关研究发现，氮组分中贡献最高的 NH_4^+-N 主要来源于农业活动中施用的化肥挥发、畜牧养殖业中动物排泄物中氨气的挥发，还有的来源于城市生活中燃煤、燃油、燃气等生物质或化石燃料的燃烧过程，工业生产废弃物、城市垃圾和人粪便处理等过程[77-83]。NH_4^+-N 在大气中易被氧化，因此其在大气中的传输距离一般较短，多数小于 100 km[84]。因此，海洋大气中 NH_4^+-N 的浓度一般较低，并随离岸距离的增加迅速递减。氮组分中含量居第二位的 NO_3^--N 有人为来源和自然来源，NO_x 是其重要的前体物，人为来源主要是燃烧，包括天然气、石油、煤炭等化石燃料的燃烧以及秸秆、稻草、植被等的生物质燃烧，自然来源主要包括闪电、生物固氮和反硝化过程[84]。对流层的 NO 能够与 HO_2 等自由基反应生成 NO_x，进而与 OH 自由基相互作用转化为 HNO_3 气体，在碱性物质存在的情况下，又能与碱性气溶胶相互作用生成相对稳定的硝酸盐颗粒物[85]。与 NH_4^+-N 不同的是，大气中的 NO_3^--N 化学性质相对稳定，其大气传输距离可达 600～800 km，甚至更远[86]。相较于无机氮，有机氮因形态较多，其来源也相对复杂。自然源中的碳氢化合物与 NO_x 发生光化学反应是有机氮的来源之一[87]，然而城市废弃物处理、土壤和动植物、工农业生产等污染物挥发过程在大气有机氮的来源中占据更大比重，为大气中有机氮的重要来源[88]。可见大气中的氮组分多受人为活动的影响。

研究发现，大气中磷酸根离子的含量与铝（Al）等地壳元素的含量呈显著正相关，一般情况下，大气中的磷多来源于地壳中土壤或沙尘颗粒物质的再悬浮[89]。在沙尘天气期间，大气中磷组分的含量和沉降量均明显升高[90]。然而，近期的研究表明，磷以地壳源为主的同时具有复合源，地壳尘土、人类活动产生的工业源、机动车尾气排放、生活生产活动的生物质燃烧等均为磷的潜在来源[36,41,91]。沙尘等地壳源的气溶胶对大气中非水溶性磷有重要贡献，而人为来源对大气气溶胶中水溶性磷的贡献较大[92]。

2.1.4.2 来源解析方法

大气颗粒物的来源及其在大气中的传输路径和机制决定了大气污染物在不同区域的浓度分布情况，为定性或定量地鉴别出大气污染物可能的来源，可以通过大气污染物的迁移路径、大气污染物的成分谱进行反推，对大气污染物的可能来源类型或区域进行初步判断，即大气污染的源解析[93]。大气污染源解析能够初步评价各类型污染源或者不同区域的污染源可能对目标区域大气环境质量的影响，甚至能够对大气污染物的迁移转化以及生物地球化学循环研究具有一定的指示或提示作用，进而为制定区域大气污染治理措施提供支撑。源解析可分为污染源类型解析和潜在源区域解析。

污染源类型解析起步于以排放量为基础的污染物扩散模型，能够根据污染源的污染物排放信息，辅助地形地貌、气候条件、气象条件等因素大致估算每种类型的污染源对目标区域污染物的贡献，然而这种方法也有一定的缺点，即只能对已知源强进行推测，没有针对未知源强的解决方法。后来出现了不受源强限制的受体模型，其因再现性强的优点，近年来得到了较快的发展[94]。目前有若干种受体模型得到了广泛的应用，包括主成分分析法、富集因子法、因子分析法、相关分析法、正定矩阵因子分解法和化学质量平衡法等。

除了污染源的类型，污染物的空间来源也是源解析的重要层面。基于气团后向轨迹的聚类分析法是目前使用最普遍的大气污染源区域解析方法，该方法可以将大气中某种污染物的含量与气团后向轨迹来源区域联系起来。目前最常见的方法是利用美国国家海洋大气管理局的 HYSPLIT（https：//www.ready.noaa.gov/HYSPLIT.php）后向轨迹软件，结合大气层的气象动力条件，解析出污染物可能的空间传输路径。PSCF 函数，也叫潜在源区贡献因子函数，表达了一种条件概率密度，是基于气流运动轨迹来初步分析确定大气污染物潜在源区域分布的一种方法[95-98]，然而 PSCF 仅能反映网格单元中污染轨迹的比例，不能反映气团轨迹的污染程度，这时就可以用浓度权重轨迹函数（CWT）来评估相关气团轨迹的污染程度[97]。若同时使用二者，能够较好地解析出目标区域大气污染物潜在的来源区域和可能的污染程度。为了降低计算网格单元的不确定性，使用时可将 PSCF 函数值和 CWT 函数值用加权函数 $W(n_{ij})$ 进行修正[98,99]。中国气象科学研究院 Wang 等[100]在 HYSPLIT 后向轨迹软件的基础上，结合 MeteoInfo 软件开发出 TrajStat 插件，用于计算气团后向轨迹，并对轨迹进行聚类、分析观测站点大气成分运动路径及来源，该项成果能够很好地进行 PSCF 值和 CWT 值的计算和分析。

2.2 大气中 PAHs 的环境行为

PAHs 是一种芳香烃类物质，多为淡黄色或者无色晶体状物质，由两个以上（含两个）苯环构成。通常情况下，PAHs 的理化性质会随苯环数量的不同而有所不同，一般来说，随着 PAHs 环数的增加，其熔沸点升高，饱和蒸汽压降低，大部分 PAHs 难溶于水而易溶于有机溶剂[101]。国内外学者针对 PAHs 开展了大量研究，但对于海洋大气中 PAHs 的研究相对欠缺。下面针对大气中 PAHs（主要是海洋大气中）的分布及迁移、气固分配、来源和源解析方法进行简要综述。

2.2.1 大气中 PAHs 的分布

目前国内外对城市大气中PAHs时空分布的研究比较充分，研究结果表明，城市大气中PAHs的空间分布规律一般表现为人类影响较为明显的城市中心区高于郊区[102]。其季节分布规律在气固两相上的情况有所差异，颗粒相中PAHs的季节分布规律一般为冬季高、夏季低，中国北方则是取暖期明显高于非取暖期[103]，气相中多为夏季高、冬季低。美国得克萨斯州加尔维斯敦湾大气中夏季和冬季PAHs的总浓度（37～161 ng/m^3）明显高于春季和秋季（4～34 ng/m^3）[104]。海洋大气中PAHs的分布也有一定的区域差异。靠近人口密集的城市群的近岸海域，大气中PAHs的含量浓度较高，如珠江口及南海海域[105]大气中PAHs的含量为49.6～256 ng/m^3，其分布受到季风影响下的洋流、热交换等动力因子的综合影响；印度近海[106]大气中PAHs的含量浓度达64.0～544.0 ng/m^3；北黄海沿岸大连老虎滩[107]大气中PAHs的含量为102 ng/m^3。近岸陆架海或内海大气中PAHs的含量较低，如地中海和黑海[108]大气中30种PAHs的浓度分别为13～86 ng/m^{3}和22～40 ng/m^3，辽东湾[109]大气中PAHs的含量为20～30 ng/m^3，与同纬度北黄海小麦岛和獐子岛[107]大气中PAHs的含量相当。开阔大洋和极地大气中PAHs的浓度更低，大西洋[110]大气中10种PAHs的浓度为0.23～2.56 ng/m^3，极地大气中PAHs的含量仅为皮克级[111]，明显低于近岸陆架海。表2-1为国内外海洋大气中PAHs的浓度水平。

大气中 PAHs 的分布还与气温、颗粒物的粒径等因素有关，随着温度的降低，PAHs 更易与颗粒物结合[112]；同等条件下，PAHs 更容易附着在大气细粒子上，因此在大气中悬浮的时间比粗粒子更长，进而随着大气扩散在环境中进行远距离迁移传输[113]。大气中 PAHs 通过干、湿沉降输送到海洋，同时海洋中的 PAHs，尤其是低分子量的 PAHs 又可以通过海-气交换进入大气。

表 2-1 国内外部分地区海洋大气中 PAHs 的浓度水平

研究区域		样品采集时间	PAHs	浓度范围/（ng/m^3）	平均值/（ng/m^3）
智利沿海[114,115]		2008 年 4 月—2009 年 4 月	Σ_{15} PAHs	4.0～74.0	21.6
		2007 年 1—3 月	Σ_{15} PAHs	30.0～230.0	103.3
印度沿海[106]		2006 年 10—12 月	Σ_{15} PAHs	64.0～544.0	—
韩国蔚山[116]		2011 年 1—2 月	Σ_{13} PAHs	19.8～76.5	42.6
北黄海沿岸[107]	老虎滩	2010 年 1—12 月	Σ_{15} PAHs	—	102
	小麦岛	2010 年 1—12 月	Σ_{15} PAHs	—	27
	獐子岛	2010 年 1—12 月	Σ_{15} PAHs	—	23
辽东湾[109]		2016 年 5—8 月	Σ_{16} PAHs	气：28.8， 固：24.0	52.8
青岛市近岸[117]		2007 年 5 月	Σ_{14} PAHs	—	74.5
珠江口及南海近海[105]		2003 年 1 月	Σ_{16} PAHs	49.6～256	120.7
舟山青浜岛[118]		2013 年 7 月	Σ_{16} PAHs	5.09～5.41	5.35
大西洋[110]		2005 年 10 月	Σ_{10} PAHs	0.23～2.56	—
地中海[108]		2006 年 6 月—2007 年 5 月	Σ_{30} PAHs	气：13～86， 固：0.5～3.0	—
黑海[108]		2006 年 6 月—2007 年 5 月	Σ_{30} PAHs	气：22～40， 固：0.8～2.6	—
地中海东部[119]		2001 年 7 月	Σ_{24} PAHs	20.0～83.2	—
北太平洋至北冰洋[111]		2012 年 7—9 月	Σ_{9} PAHs	0.025～0.086	—

2.2.2 PAHs 的气固分配

同大多数 SVOCs 一样，气相和颗粒相是 PAHs 在大气中的两种赋存状态，PAHs 的环数不同，其理化性质也有所差异。低环数 PAHs（LPAHs，2～4 环）主要存在于气相中，而高环数 PAHs（HPAHs，5 环以上）更易被吸附在颗粒物中以颗粒相的形式存在[111]。大气中的 PAHs 在颗粒相和气相中同时出现，并能够相互转化和再次分配，这种气固分配能够影响 PAHs 在大气中的传输、沉降和降解等许多关键过程[120,121]。一般认为，PAHs 在大气中的气固分配主要有两个过程，分别是吸附过程和吸收过程[122]，这两个过程处于不断平衡的状态[120,123]。基于平衡状态的假设，一般采用气固分配系数（K_P）来描述 PAHs 的气固分配情况。常用的研究气固分配的模型主要有 3 种，lg K_P-lg P_L^0 模型、lg K_P-lg K_{OA} 模型和碳黑-空气模型。在 lg K_P-lg P_L^0 模型和 lg K_P-lg K_{OA} 模型中，一般认为斜率 m 的绝对值为 1 时，物质在气固之间的分配便达到了平衡状态[124]。从拟合效果来看，一般碳黑-空气模型对高分子量的化合物，例如，5 环以上的 PAHs 单体的气固分配拟合效果更佳[109]，目前文献中大多数研究采用上述 2～3 种模型进行综合对比，进而判断 PAHs 的气固分配是以吸附作用为主还是以吸收作用为主。

研究表明，温度对 PAHs 的气固分配过程有重要的影响，温度升高时，一方面 PAHs 容易从各种环境介质中挥发进入大气，另一方面也会从大气的颗粒相转移到气相中；温度降低时，气相 PAHs 向颗粒相迁移的趋势明显，颗粒相中的浓度升高[125]。相较于高分子量的 PAHs，中低分子量的 PAHs 更容易受温度的影响，环境温度变化时，容易在两相之间再次转化和重新分配[109]。K_P 不但与温度、饱和蒸汽压等参数有关，还与颗粒物有机质含量有关。低环数 PAHs 由于蒸汽压较高，易于挥发，多数分布在气相中，而高环数 PAHs 饱和蒸汽压较低，迁移和挥发能力较弱，更容易分布在颗粒相中[126]。在气固分配过程中，PAHs 的吸附作用主要与元素碳有关，而吸收作用主要与有机碳含量有关[122]，研究表明，气溶胶颗粒物中元素碳的吸附能够影响大气 PAHs 的气固分配过程，从而影响 PAHs 在大气中的停留时间和沉降扩散等一系列大气过程[123]。任培芳[107]的研究表明，北黄海大气中颗粒相 PAHs 的含量主要受颗粒物表面液状有机质吸收作用的影响，气固分配比与其过冷饱和蒸汽压 P_L^0 呈显著的线性关系，相较于城市站位大气中的PAHs，海上站位大气中的 PAHs 更接近于达到两相之间分配平衡的状态。Wang 等[111]对北太平洋到北冰洋大气中 PAHs 的研究表明，大气气相中的 PAHs 与温度的倒数具有一定的相关性，不仅如此，还与纬度呈显著的线性关系，同时证实了PAHs 的气固分配过程受碳黑的影响，并且受元素碳的影响较气溶胶中的有机质的影响更为敏感。

2.2.3 大气中 PAHs 的来源及来源解析方法

环境中 PAHs 的来源以人为来源为主，也有小部分自然来源。自然来源包括火山地壳活动、岩浆活动和林火等，还可能来源于油类的挥发以及碳化过程[127]。人为来源则主要包括石油、煤炭等化石燃料的燃烧、非燃烧状态下石油及其石化产品中的释放。此外，石化产业生产过程如原铝生产、炼焦，人类生活垃圾的焚烧，甚至吸烟也会导致 PAHs 的排放。这些人为来源中，煤炭的不完全燃烧对 PAHs 有重要贡献[128]，此外，城市中汽车尾气的排放也是其主要来源之一[129-131]。

PAHs 来源类型解析的方法有很多，如异构体比值法以及 2.1.4.2 中提及的方法，均是常用的方法。

异构体比值法是当前广泛采用的一种方法，它相对简单，可初步识别 PAHs 的来源，一般将分子量相同且相对稳定的 PAH 单体作为参比物，根据与参比物的特征比值来评估 PAHs 的污染来源类型。这种方法需要同分异构体具有类似的环境行为，因此很多情况下会存在一定误差[132]，可通过采取多种异构体比值的结合分析的方式来消除误差[133]。

化学质量平衡（CMB）模型可以定量地给出每种 PAHs 污染源的贡献值，是美国国家环境保护局（EPA）主要推荐的源解析方法，当前被广泛应用于许多国家 PAHs 的污染源解析中，因其使用时需要获取属地化的各类型污染源及排放的指纹谱，工作量大、难度高，因此这些信息往往难以获取，另外，PAHs 在环境中会衰减，也会导致 CMB 模型应用出现误差[134]。

特征化合物法主要是依据污染源释放出来的 PAH 单体具有各自的辨识度，来定性判断 PAHs 来源的方法，然而很多情况下特征化合物可能会有多种来源[135]，导致使用时也存在较大的不确定性。

多元统计分析法也是当前PAHs源解析常用的方法，包括主成分分析、聚类分析、正定矩阵分解（PMF）法等，分析手段相对简单，方法相对成熟，尤其是PMF法因不需要详细的源谱成分信息，近年来得到广泛的应用[136-139]。单纯使用一种受体模型经常存在一定的片面性，可多种方法结合使用，以便提高源解析结果的可靠性[140]。

同位素比值法应用稳定碳同位素的组成特征来做污染源解析。最常见是的利用 $\delta^{13}C$ 来开展大气气溶胶中 PAHs 的源解析[141]，但由于多种 PAHs 排放源的 $\delta^{13}C$ 特征并不能够完全分开，且 $\delta^{13}C$ 极易受燃烧过程中温度的影响[142]，因此该方法本身也存在一定的局限性，应用较少。

除上述 PAHs 污染源的类型解析方法外，也可以依托 HYSPLIT 模型和 TrajStat 软件计算气团后向轨迹进行聚类分析，计算 PSCF 值和 CWT 值，开展 PAHs 潜在源区解析，具体方法见 3.4。

2.3 大气中 SCCPs 的环境行为

SCCPs 是氯化石蜡（CPs）中含碳原子数目为 10～13 的正构氯代烃衍生物，常温下为黏稠液态，颜色为无色或淡黄色。相较于其他 POPs，如二噁英（PCDFs）、有机氯农药（OCPs）、多氯联苯（PCBs）等，SCCPs 的结构复杂，异构体众多。SCCPs 在大气环境中的报道较少，主要原因是其分析方法的困难性和组成的复杂性。然而，近年来相关报道逐渐增多，下面就 SCCPs 在大气中的分布、气固分配和来源进行综述。

2.3.1 大气中 SCCPs 的分布

同其他 POPs 物质一样，SCCPs 在大气中的半衰期较长[143]，为 0.81～10.5 天，导致其能够在大气中相对长时间存在。另外，SCCPs 具有较高的辛醇/空气分配系数（$\lg K_{OA}$）和较高的过冷饱和蒸汽压（$\lg P_L^0$），这使 SCCPs 在大气中具有很强的长距离迁移能力[144]，以至于在全球诸多区域的大气中都能够检测到 SCCPs 的存在。例如，北极高纬度地区的埃尔斯米尔岛大气中 SCCPs 的含量为<7.3 pg/m^3[145]，挪威的斯瓦尔巴德群岛大气中 SCCPs 的含量为 9.0～57 pg/m^3[146]，同样，菲尔德斯半岛（南极长城站）大气中 SCCPs 的浓度也达到 9.6～20.8 pg/m^3[147]。Wu 等[30]研究发现，我国青藏高原的拉萨和色齐拉山脉的大气中也检测出了 SCCPs。这些偏远地区的 SCCPs 被有效检出，均为 SCCPs 随大气远距离全球迁移的有效证据。

在人类活动集中的区域大气中 SCCPs 的分布更为普遍。现有研究表明，东亚大气中 SCCPs 的浓度明显高于欧美国家，而东亚国家中又以我国大气中 SCCPs 含量最高为主要特征。1990 年加拿大安大略省大气中的 SCCPs 含量为 65～924 pg/m^3，2003 年英国大气中 SCCPs 的含量为 190～3 430 pg/m^3[148]，2011 年北京大气中 SCCPs 的含量在 1.90～332.0 ng/m^3[149]。有研究将中国、日本和韩国等东亚国家大气中 SCCPs 的分布进行了对比[150]，3 个国家含量分别为 13.5～517 ng/m^3、0.28～14.20 ng/m^3 和 0.60～8.96 ng/m^3。由此可见，东亚地区大气中 SCCPs 的浓度要明显高于欧美地区，同时发现中国东部以碳原子数为 10 的 SCCP 单体为主，而韩国和日本则以碳原子数为 11 的 SCCP 单体为主[150]。SCCPs 在空气中的浓度还呈现出明显的季节特征。研究表明[149]，2012 年北京夏季大气中 SCCPs 的含量为 200 ng/m^3，远高于冬季的含量（7.70 ng/m^3），最直接的原因是夏季的高温环境，致使 SCCPs 更容易从各种环境介质或者工业产品中挥发进入大气，在苏黎世[151]和珠江三角洲[152]也有类似的研究结果。

2.3.2 SCCPs 气固分配

SCCPs 在大气中以气相和颗粒相两种状态同时存在，整体来看，大气中的 SCCPs 多以气相的形式存在。例如，Peters 等[153]研究表明，英国兰卡斯特地区的 SCCPs 在大气中约有 95%是以气相的形式存在。Barber 等[148]的研究也给出了同样的结论，赋存于气相中的 SCCPs 比例高达 91%，仅有 9%的 SCCPs 赋存于颗粒相中。不同季节的气固分配也有所不同。2011 年[149]对北京大气中 SCCPs 气固分配的研究显示夏季颗粒相上的比例（Φ=0.06）明显低于冬季（Φ=0.67），这表明在温度较低的冬季，大气中的 SCCPs 更易吸附在颗粒物上，而在温度较高的夏季更易存在于气相中，不仅是北方，我国南方区域研究中[152]也得到了类似的结论。同时发现，SCCPs 的气固分配系数与 lg K_{OA} 值和 lg P_L^0 显著相关[149]。Drouillard 等[154]的研究表明，SCCPs 同族体常温下（25℃）的 lg P_L^0 介于−2.29（$C_{10}Cl_5$）和−6.58（$C_{13}Cl_{10}$）之间，而范围较广的 lg P_L^0 值会导致 SCCP 单体的气固分配系数（K_P）出现较大差异，进而导致不同 SCCP 单体在大气中的传输能力存在一定差异。在研究气固分配模型时，由于 SCCPs 与 PAHs 本质上都属于半挥发性有机物，因此有关 PAHs 气固分配常用的 3 种模型：lg K_P-lg P_L^0 模型、lg K_P-lg K_{OA} 模型和碳黑-空气模型，同样适用于 SCCPs，见 2.2.2。

2.3.3 大气中 SCCPs 的来源

我国是世界上 SCCPs 最主要的生产国与消费国，总产量从 1963 年的 1 859 t 上升至 2007 年的 60 万 t，再到 2009 年的 100 万 t，2015 年我国 SCCPs 的年产量达到 160 万 t，成为世界上最大的 SCCPs 生产国[12]。如此大规模的生产和广泛的使用，使 SCCPs 在生产、储存、使用过程中很容易释放到环境中[12]。

目前尚未发现 SCCPs 的天然来源，环境中的 SCCPs 来源于人类生产生活[12]。我国向环境中释放 SCCPs 的行业最主要的为金属加工行业（金属切削液），居第二位的为 CPs 生产行业[153]，另外，工业生产使用的密封剂、人类生产生活中的橡胶和纺织品的阻燃剂和涂料的不断释放，也是 SCCPs 的重要来源[154]。需要注意的是，在国外 SCCPs 主要用于金属加工液中，而我国除用于金属加工液中之外，也用于皮革加脂剂、橡胶制品和聚氯乙烯产品的阻燃剂、增塑剂等领域，可见，我国将 SCCPs 用在金属切削用途中的情况要少于国外，这或许会导致我国 SCCPs 在环境中的赋存特征和来源特征与国外有一定的不同[155]。

目前尚无关于 SCCPs 污染来源类型解析的报道，但可以依托 HYSPLIT 模型和 TrajStat 软件计算气团后向轨迹进行聚类分析，计算 PSCF 值和 CWT 值，尝试开展 SCCPs 潜在源区解析。

2.4 大气污染物干沉降通量评估

干沉降和湿沉降是污染物迁出大气进入海洋的两种主要方式。其中，干沉降是指在不发生降水时大气中的污染物通过重力沉降、碰撞、湍流扩散以及布朗扩散等方式向下垫面输送的过程。干沉降虽不像湿沉降那样集中，但因其是一个连续发生的大气污染物清除过程，因此干沉降对海洋污染物质的输入贡献不亚于湿沉降[5]，其持续时间可能更长、影响范围可能更广[4,156]，尤其在降雨较少的干旱或半干旱区域，大气物质的干沉降就显得尤为重要[157]。例如，在黑海西部地区，氮和磷的大气沉降均以干沉降为主[6]，东地中海水溶性有机氮的干沉降通量约为湿沉降通量的 4 倍[158]。然而，多数情况下，因缺乏现场观测资料和干沉降过程本身极具复杂性，大气物质的干沉降通量评估尤其是海洋大气污染物的干沉降通量评估还存在诸多不确定性，仍是海洋与大气物质交换研究的“瓶颈”和热点问题之一[6,159]。下面就大气颗粒物干沉降通量评估方法、SVOCs 海-气界面交换通量评估方法进行综述。

2.4.1 大气颗粒物干沉降通量评估方法

大气气溶胶中颗粒态污染组分的干沉降通量可直接测量[5,34]，也可以间接估算[43,62,63]。

直接测量法一般采用代用表面收集大气干沉降样品，是一种使用洁净的收集容器（玻璃容器或者聚乙烯桶），收集自然状态下由大气沉降至容器中的气溶胶颗粒物的方法。根据收集容器内是否放置收集液体，代用表面法又可分为干法和湿法。一般来说，用于海洋表面干沉降物质的收集多采用湿法，可向采集容器中放置超纯水（Milli-Q）或乙二醇，这样不仅能够模拟海水的下垫面特征，还可以防止颗粒物沉降后的反弹和再悬浮，也起到防止细菌和微藻等生长带来的物质损耗的作用[3,160]。代用表面法整个过程操作简便，不需要电和人长期值守，其采样时间一般较长，至少 10 天甚至 1 个月，对于重金属等稳定组分相对适用，并不适用于短期内易发生转化的组分及 SVOCs，但其可作为方法验证的参考。同时这种直接收集沉降物的方法对粒径大于 2 μm 的气溶胶粒子的收集效果较好（大粒径的粒子重力沉降作用明显），但对于小粒径的气溶胶粒子收集效果较差，可能会造成测量结果偏低，整体来说具有一定局限性。

间接法的典型代表方法是以大气中污染物的含量乘以干沉降速率来计算大气污染物的干沉降通量[161]，近年来被广泛应用于海洋大气干沉降通量的评估中。估算公式为 $F_d=V_d \times C \times t$（$F_d$ 为干沉降通量，V_d 为干沉降速率，C 为污染物浓度，t 为沉降时间）。其中，最关键的参数为干沉降速率 V_d。理论上，干沉降速率可直接测量，方法包括风洞实验和野外测量，但受技术所限，测定的干沉降速率很难反映野外的真实情况。在没有直接测定数据的情况下，干沉降速率可以参照 GESAMP[14]的推荐值，但 Shahin 等[162]曾指出 GESAMP 推荐值多数针对细粒子，欠缺对于大粒径粒子的考虑，沉降速率值偏低，因而导致很多情况下的干沉降通量被低估。多年来，通过理论模式和数值模拟来求取天然水面气溶胶干沉降速率的研究已引起不少学者的关注，如 Slinn 模型[163]、早期的 Williams 模型[164]和 Zhang 等[165]提出的干沉降模型。但这些早期的大气沉降模式多侧重理论研究，并没有专门针对海洋表面进行研究。Qi 等[160]、王泽杰[166]、詹建琼等[167]在 Williams 模型的基础上分别进行了不同的改进，计算了不同区域的气溶胶干沉降速率，并得到了较为合理的干沉降通量。Williams 模型中除考察水文气象条件对粒子干沉降速率的影响外，还将粒子粒径作为模型中非常重要的参数，Kang 等[168]和 Kong 等[169]也指出干沉降通量的不确定性很大一部分来源于粒子的粒径分布。虽然不少研究在计算干沉降速率时已经考虑了气溶胶颗粒物粒径分布的影响[62,63]，但多是仅考虑某一时段或者年均气溶胶尺度谱的经验值来计算干沉降速率，实际上大气颗粒物污染物的粒径分布存在明显的季节差异[66,67]。因此，精细化评估气溶胶物质的干沉降通量应该进一步考虑粒径分布的季节变化所导致的干沉降速率的季节变化。

2.4.2 半挥发性有机物海-气界面交换通量评估方法

SVOCs 在大气中因其半挥发性的特点，以颗粒相和气相两种形式存在，颗粒相会随大气颗粒物的干沉降进入海洋环境，气态部分主要通过海-气界面交换进入海洋[9,170,171]。有估算显示，大气沉降也是海洋中 POPs 等有毒有害物质的主要来源之一，如全球范围内，海洋中有 10%～18%的 PAHs 来源于大气沉降[172]。研究 SVOCs 的海洋大气沉降可以更好地理解其在全球范围内的环境归趋。海-气界面交换过程主要分两个方向：海水中 POPs 向大气挥发的向上的过程和 POPs 从大气中向海水沉降（吸收）的向下的过程；当吸收沉降作用大于挥发作用时，大气向海洋表现为输出，当吸收沉降作用小于挥发作用时，海洋向大气表现为输出[173]。

通常结合 Whitman 双膜理论和逸度平衡理念来评估典型有机污染物海-气交换通量，以此来判断 POPs 在海-气间的迁移趋势及主要影响因素，进而评估大气输入对区域海洋环境中 POPs 的贡献量[171]。Whitman 双膜理论假设在紧贴海-气界面处有两个膜层，分别是气滞膜层和水滞膜层，这个界面上是混合均匀的海水和大气。其中，亨利系数是一个相对重要的参数[173-175]，受温度和盐度影响较大，计算时需要按照一定规则进行适当的校正。为判断海-气界面是吸收还是挥发，一般采用逸度方法，通过衡量化合物在不同介质之间的化学潜力或化学分压，来研究 POPs 在海-气界面的交换行为。通常用逸度分数 ff_{aw} 来表示，当 $ff_{aw}>3$，一般认为由大气向水净吸收；$ff_{aw}<0.3$，认为由水向大气净挥发[108]。POPs 的海-气交换通量大小、交换的方向受 POPs 在大气及海水中的浓度、温度等因素的综合影响[176]。此外，海-气界面的交换方向也受气象因素的影响[177]，并与水体中 POPs 的浓度和滞留时间等有关[178-180]。目前从有关大气中 POPs 的交换通量的结果来看，虽然不同单体的吸收挥发结论有所不同，但从各类 POPs 整体来看，吸收趋势居多[109,181]。

3 研究区域概况及研究方法

3.1 研究区域概况

秦皇岛位于渤海西部，常住人口为310万，为中国北方重要工业聚集区——京津冀地区的组成部分，是中国北方重污染的边缘区，并且其下风向的渤海海域是我国最重要的内海，是西北内陆物质向海洋输送的重要媒介地带。秦皇岛海岸线长162.7 km，东起山海关，西至昌黎滦河口，基岩岸线与砂质岸线分别占全市岸线的35.4%与64.6%，管理海域总面积约1 800 km^2。秦皇岛沿岸的北戴河区是享誉中外的休闲度假胜地，其滨海旅游的重要价值不言而喻。虽然近年来秦皇岛的海洋生态环境持续向好，但部分环境问题不容忽视。曾在2009—2015年出现的抑食金球藻褐潮，危害不亚于赤潮和绿潮，对海水养殖业的发展和北戴河旅游度假区功能的发挥造成威胁[182,183]。近年来，虽然秦皇岛海水水质明显好转[184]，但不得忽视潜在的多种污染压力。大气沉降作为海洋污染的重要来源，京津冀和西北地区的大气污染物质向其下风向海域的输送势必会对海域污染产生重要影响。

3.2 样品采集

3.2.1 采样站点设置

秦皇岛近岸海域共设置了3个采样站位，分别代表近岸城区、近岸郊区和海上。其中，近岸城区采样点设置在秦皇岛海洋环境监测中心站（119.277 0°E、39.564 4°N），位于秦皇岛东山公园东部海岸线，植被覆盖良好，局地环境较好，站址海拔高度约10 m，离海20 m远，为原国家海洋局优良的海洋大气站；近岸郊区采样点设置在翡翠岛（119.605 9°E、39.908 4°N），位于秦皇岛市昌黎黄金海岸自然保护区，其东、北、西三面由渤海和七里海（潟湖）环绕，离海100 m远，植被覆盖良好，周边环境开阔，无局地明显污染源，风向多来源于海上，适宜在此开展海洋大气监测与研究工作；海上采样点设置在12海里处。海上采样时，为避免船舶本身的干扰，将采样器放置在船舶最上层甲板上，采样器的采样口距离海平面约10 m，并确保样品的整个收集过程中空气始终来自船头。

3.2.2 采样仪器和方法

本书采集的样品包括大气总悬浮颗粒物样品（以下简称TSP样品）、大气有机污染物气体样品（以下简称PUF样品）、大气分粒径颗粒物样品（以下简称分级样品）、大气代用表面干沉降样品，所有样品均采集2～3个现场空白，采样期间同时收集研究区域的气象参数。上述样品（参数）使用的采样仪器和具体的采集方法如下。

3.2.2.1 TSP样品和PUF样品

以KB-1000型大流量空气颗粒物采样器（PUF型）采集总悬浮颗粒物和有机气相样品，流量为1 m^3/min。颗粒物的采样滤膜为Whitman QM-A滤膜，采样前滤膜经马弗炉在450℃条件下灼烧4.5 h，以去除有机污染物。将恒重的空白滤膜装入采样器滤料夹中后打开电源采样，每个样品的累积采样时间为12～25 h，采样结束后记录标况下的采样体积、平均气温和气压等参数，取下滤膜，对折，用经处理的铝箔包好，置于冰箱并在−20℃条件下冷冻保存，留待分析。在采样器流量气路出口的底端，以聚氨酯泡沫（PUF，直径为 6.5 cm，厚度为 7.5 cm，采样前用二氯甲烷进行清洗）富集气态有机污染物。

3.2.2.2 分级样品

分粒径大气颗粒物样品的采集，采用美国 MSP MOUDI-110R-400 多级气溶胶碰撞式采样器，共分 11 级（＞10 μm、5.6～10 μm、3.2～5.6 μm、1.8～3.2 μm、1.0～1.8 μm、0.56～1.0 μm、0.32～0.56 μm、0.18～0.32 μm、0.10～0.18 μm、0.056～0.10 μm、0～0.056 μm），采样时有旋转电机保证采样时颗粒物分布的均匀性；采样器流量为 30 L/min，每套样品的采样时间为 48～72 h；滤膜采用 47 mm 的进口聚四氟乙烯滤膜。采样结束后，将滤膜对折带回实验室进行恒重称量、分析。

3.2.2.3 代用表面干沉降样品

目前并无大气颗粒物干沉降通量测定绝对准确的方法，任何方法都有一定的局限性，这里采用代用表面法直接测定秦皇岛近海大气颗粒物中氮磷组分的干沉降通量，来对模型的模拟效果进行对比验证。代用表面法方案如下：

在一个体积为 1 L 且预先经过酸处理的烧杯（已知横截面面积为 A）中，加入 300 mL 超纯水，再将烧杯放置于干湿沉降自动采样器的干沉降桶中。干湿沉降自动采样器有感应器，下雨时，干沉降桶关闭，湿沉降桶打开，雨停后，干沉降桶再次开启，能够避开降雨对干沉降采样的影响。采样桶和烧杯放在距离地面 2～3 m 的高度，与分级样品同期采样，采集时长约为 10 天。采集完成后，取回烧杯，将烧杯内的溶液和收集到的颗粒物转移至另一烧杯中，记录水样的体积 V，冷冻保存留待分析。

3.2.2.4 气象参数

利用 PC-3 型自动气象站（Jinzhou Sunshine）同步采集相应的气象参数（气温、

气压、相对湿度、风向、风速等），数据采集频次为 30 min。

3.2.3 采样时间和频次

样品采集于 2015 年 8 月 21 日—2016 年 8 月 31 日进行，分别采集总悬浮颗粒物样品（TSP）、MOUDI 分级样品（11 级）和代用表面干沉降样品，并收集翡翠岛站的每日气象数据，采样期间不同站点的采样任务设置有所不同。3 个采样点在每个季度均有同步集中采样时间，为 2015 年 8 月下旬、2015 年 11 月上旬、2016 年 1 月中旬和 2016 年 4 月下旬。除集中采样外，近岸城区采样点和近岸郊区采样点全年有固定间隔时间采样，以提高样品的全年代表性。具体采样频次见表 3-1。

表 3-1 秦皇岛近岸海域大气沉降采样任务

类别	站位名称	样品	采样频次/周期
岸基采样	市站（近岸城区点）	TSP	每季度集中采样时间约为 1 周 其余每两周采集 1 次
	翡翠岛站（近岸郊区点）	TSP+气相有机物（PUF）	每季度集中采样时间约为 1 周 其余每周采样 1 次
		MOUDI 分级样品（11 级）	每季度集中采集 2～3 套样品
		代用表面	每季度采集 1 个样品
		气象数据	实时采集，每 30 min 1 次
海上采样	翡翠岛外 12 海里处（海上点）	TSP+气相有机物（PUF）	每季度集中采样时间约为 1 周
		MOUDI 分级样品（11 级）	每季度集中采集 1 套

3.2.3.1 近岸城区采样点

在近岸城区采样点共收集 TSP 样品 41 个，每季度集中采样时间约为 1 周，其余时间每两周采集一个 TSP 样品。采集到的样品用于分析其中氮磷组分的含量。

3.2.3.2 近岸郊区采样点

在近岸郊区翡翠岛采样点收集TSP样品和气相有机物样品（PUF）各76个，其中，52个样品为每周采集1次（2015年8月21日—2016年8月31日），24个样品为集中采样期间每季度连续1周采集的样品（每季度5～7个）。其中，72个TSP样品分析了氮磷组分（分析氮磷组分时4个样品提取时操作失误作废），76个TSP样品（收集大气颗粒物）和76个PUF样品（富集有机气体）均分析了PAHs含量和SCCPs含量。

在近岸郊区采样点连续采样期间共收集 MOUDI 分级样品（11 级）11 套，每季度集中采集 7～10 天，其中除冬季采集的样品为 2 套外，其余每季度采集的样品数各为 3 套，用于分析大气气溶胶中颗粒态氮磷组分的粒径分布规律。

为验证干沉降模型的有效性，在近岸郊区采样点以代用表面法收集干沉降样品，每季度收集 1 个样品，每个样品的采集时间为 7～10 天，用于分析干沉降中氮磷组分的含量。

此外，在近岸郊区采样点实时收集了研究区域的气象数据，数据采集时间间隔为 30 min/次。

3.2.3.3 海上采样点

在海上采样点收集 TSP 样品和气相有机物样品（PUF）各 24 个，均为每季度集中采样时采集，每季度各采集 6 个样品。22 个 TSP 样品分析了氮磷组分（2 个样品提取时操作失误作废），24 个 TSP 样品分析了 PAHs 含量和 SCCPs 含量，24 个 PUF 样品都分析了气态 PAHs 含量和气态 SCCPs 含量。

在海上采样点集中采样期间，共收集 MOUDI 分级样品（11 级）4 套，每季度各收集 1 套，用于分析大气颗粒物中 PAHs 的粒径分布规律。

3.3 样品处理与分析

3.3.1 大气颗粒物质量

重量法测定 TSP 的含量，采样前后，将滤膜放入天平中至平衡，分别称量采样前后滤膜的质量，利用差减法计算大气总悬浮颗粒物的质量浓度，公式如下：

$$C_{\mathrm{TSP}} = \frac{M - M_0}{V_{标}} \tag{3-1}$$

式中，C_{TSP}——大气中颗粒物的浓度，μg/m^3；

M——样品膜质量，g；

M_0——空白滤膜质量，g；

$V_{标}$——标准状况下采样体积，m^3。

3.3.2 氮磷组分的测定

3.3.2.1 滤膜样品中氮磷组分的测定

以不锈钢剪刀切割面积为 5 cm×5 cm 的 TSP 样品滤膜，剪碎后将其放入烧杯中（分级样品无须裁剪，整片滤膜直接放入），加入 10 mL 的超纯水，冰水浴超声波萃取 30 min，再用可换膜针头过滤器（中间放置 Whitman 高纯 GFF 滤膜）过滤，淋洗 6 次后定容至 50 mL。取 5 mL 提取液用标准比色法-营养盐连续流动分析仪（SEAL-AA3）来测定其中亚硝酸盐-氮（NO_2^--N）、硝酸盐-氮（NO_3^--N）、氨-氮（NH_4^+-N）和水溶性无机磷（DIP）的含量[185]。另取 5 mL 提取液用在线消化-连续流动分析法测定水溶性总氮（DTN）和水溶性总磷（DTP）的含量。将可换膜针头过滤器上的滤膜及不可溶物一起转入聚四氟乙烯消化罐中，参照文献[186]加入 25 mL 0.15 mol/L 碱性过硫酸钾 $K_2S_2O_8$，在 120℃条件下消解 60 min，再将消化液稀释 5 倍后用营养盐连续流动分析仪测定其中非水溶性总氮（PTN）和非水溶性总磷（PTP）的含量。水溶性无机氮（DIN）的浓度为 3 种无机氮的加和，总氮（TTN）和总磷（TTP）浓度分别为 DTN 和 PTN、DIP 和 PTP 的加和。DTN 的浓度减去 DIN 的浓度、DTP 的浓度减去 DIP 的浓度即水溶性有机氮（DON）和水溶性有机磷（DOP）的含量。现场空白样品也按照上述方法进行处理和分析。上述测定方法的重复性相对标准偏差在 1.0%～4.7%，相应氮磷组分的回收率在 89.6%～106.4%，所有数据均加入了空白校正。各组分重复性相对标准偏差、回收率以及空白数据详见表 3-2。

表 3-2 氮磷组分测定方法重复性相对标准偏差、回收率和空白值

项目	NH_4^+-N	NO_3^--N	NO_2^--N	PO_4^{3-}-P	DTN	DTP	PTN	PTP
重复性相对标准偏差/%	1.0	1.7	4.3	3.0	3.5	1.2	4.0	4.7
回收率/%	98.4～102.0	94.5～104.9	96.4～104.1	95.4～105.0	97.0～103.0	96.5～104.7	89.6～105.9	90.4～106.4
现场空白/（μmol/L）	1.546	0.821	0.081	0.041	2.603	0.210	0.208	0.026

3.3.2.2 代用表面干沉降样品中氮磷组分的测定

代用表面干沉降样品收集完后，用孔径为0.45 μm的GFF滤膜（Whitman）过滤后，只测定水溶性氮磷组分，用于验证模型计算的沉降速率，同时制取相应条件下的空白样品。取5 mL过滤后的溶液用标准比色法-营养盐连续流动分析仪（SEAL-AA3）来测定其中NO_2^--N、NO_3^--N、NH_4^+-N和DIP的含量。另取5 mL溶液用在线消化-连续流动分析法测定DTN和DTP的含量。所有数据均加入了空白校正。各组分重复性相对标准偏差、回收率以及空白数据详见表3-2。

3.3.3 PAHs 和 SCCPs 的测定

3.3.3.1 样品提取和净化

将样品放入索氏提取器中，加入一定体积（TSP 膜样品加 50 mL，PUF 样品加 400 mL）的二氯甲烷，加入 10 μL 氘代 PAHs 内标和 10 μL $^{13}C_{10}$-HCB 作回收率内标，用索氏提取器提取 12 h 后收集提取液。再向索氏提取器中加入同样体积的二氯甲烷，再次提取 12 h，两次提取液全部转移至旋转蒸发瓶。用 20 mL 二氯甲烷淋洗索氏提取器，合并收集提取液与淋洗液；将提取液与淋洗液中的有机相旋转蒸发浓缩至约 2 mL，加入 10 mL 正己烷进行溶剂置换，再浓缩至 2 mL 左右。本书采用的复合层析柱的填装方法及后续的层析步骤参照文献[155]。

现场空白与样品处理过程一致。

3.3.3.2 PAHs 和 SCCPs 分析测试

PAHs 和 SCCPs 分别采用 Agilent 6890/5975B（EI 源）和 Agilent 7890N/5975C（CI 源）进行测定。

PAHs 分析色质谱条件：色谱柱选用 DB-5 毛细管柱（0.25 mm×30 m×0.25 μm），离子源为 EI 源，升温程序参照文献[109]。本书主要分析了 16 种优先控制的 PAHs。

SCCPs 色质谱条件及升温程序参照文献[155]。

3.3.3.3 质量保证与质量控制

采样前 Whitman QM-A 滤膜经马弗炉在 450℃条件下灼烧 4.5 h，采样前用二氯甲烷清洗 PUF 以去除有机污染物。采样过程中进行了穿透实验，采用不同采样体积（相应的采样时间分别为 12 h、24 h、36 h 和 48 h）的分析结果表明，PAHs 和 SCCPs 的总浓度与采样体积呈线性关系，表明 24 h 内样品的采样体积并未穿透 QM-A 膜和 PUF 膜。

检测结果表明，两类物质现场空白均低于方法检出限。所有样品中 5 种 PAHs 单体替代内标的回收率为 78%～136%，CPs 替代内标 ^{13}C-HCH 的回收率为 79%～

114%，方法的重复性相对标准偏差为 6.9%～14.8%，所有数据均加入了空白校正和回收率校准。方法重复性相对标准偏差、回收率和空白值见表 3-3。

表 3-3　PAHs 和 SCCPs 测定方法重复性相对标准偏差、回收率和空白值

项目	方法检出限/（ng/m^3）[a]		替代内标名称	替代内标回收率/%		相对标准偏差/%	
	TSP	PUF		TSP	PUF	TSP	PUF
PAHs	0. 05～0.1	0.02～0.5	naphthalene-d8	78～108	79～114	14.8	13.8
			acenaphthene-d10	85～92	85～102	6.9	11.4
			phenanthrene-d10	82～98	80～103	8.2	9.4
			chrysene-d12	80～105	83～136	10.8	11.3
			perylene-d12	80～106	83～104	9.7	8.8
SCCPs	0.05～0.1	0.1～0.2	$^{13}C_6$-α-HCH	79～92	85～114	7	9.7

注：[a] 方法检出限基于平均体积 1 440 m^3 进行换算。

3.3.4　气溶胶中组分浓度的计算

对气溶胶中组分的浓度，按下式进行计算：

$$C=\frac{(C_x-C_o)V_t}{V_{标}}\times\frac{S_t}{S_a} \tag{3-2}$$

式中，C——大气中组分的浓度，ng/m^3；

C_x——样品溶液中组分的浓度，μg/L；

C_o——空白溶液中组分的浓度，μg/L；

V_t——样品溶液的总体积，mL；

S_t——样品滤膜的有效总面积，cm^2；

S_a——测定时所取样膜面积，cm^2；

$V_{标}$——标准状态下采样体积，m^3。

3.4 后向轨迹相关分析统计方法

本节以后向轨迹聚类分析为基础，结合 PSCF 函数和 CWT 函数来探讨秦皇岛近海大气气溶胶中的氮磷组分和典型有机污染物的潜在源区。

3.4.1 后向轨迹和聚类分析方法

本节以 HYSPLIT（http://ready.arl.noaa.gov/HYSPLIT.php）和 TrajStat[100]为平台进行轨迹计算和聚类分析。轨迹的计算高度设为地面以上 200 m。后向轨迹追踪时间选为 48 h，轨迹追踪的起始时间设定为采样日的 0 点（北京时间 8 点），所用气象数据来自美国气象环境预报中心（NCEP）全球数据同化系统（Global Data Assimilation System，GDAS）的 GDAS 数据集（ftp://arlftp.arlhq.noaa.gov/pub/archives/），水平分辨率精度为 1°×1°。

3.4.2 潜在源区和污染程度分析方法

PSCF 函数（潜在源区贡献因子函数）是一个条件概率密度，是一种基于气流轨迹分析来初步确定大气中污染物源区的方法。如果将研究区域划分为若干小的网格单元（i，j），PSCF 函数可定义为

$$\mathrm{PSCF}_{ij}=\frac{p_{ij}}{n_{ij}} \tag{3-3}$$

式中，n_{ij} 和 p_{ij}——第 ij 网格里的轨迹点数和超过设定浓度阈值的轨迹点数[96,187]，氮磷组分的阈值取区域氮磷浓度的平均值。

当 n_{ij} 低于每个网格单元中平均轨迹终点数（n_{mean}）的 3 倍时，为了降低单元格计算的不确定性，应将 PSCF 值乘以一个加权函数 W（n_{ij}）[98,99]。加权函数 W（n_{ij}）和加权后的潜在源区贡献因子函数（WPSCF）描述如下：

$$\mathrm{WPSCF}_{ij}=\frac{p_{ij}}{n_{ij}}\times W\left(n_{ij}\right) \tag{3-4}$$

$$W\left(n_{ij}\right)=\begin{cases}1.0, & 3n_{\mathrm{mean}}<n_{ij}\\0.7, & 1.5n_{\mathrm{mean}}<n_{ij}\leqslant 3n_{\mathrm{mean}}\\0.4, & n_{\mathrm{mean}}<n_{ij}\leqslant 1.5n_{\mathrm{mean}}\\0.2, & n_{ij}\leqslant n_{\mathrm{mean}}\end{cases} \tag{3-5}$$

由于 PSCF 仅反映网格单元中污染轨迹的比例，不能反映轨迹的污染程度，这里可用浓度权重轨迹函数（CWT）来表征轨迹的污染程度[97]，以更好地突破上述限制并计算不同源区域的相对贡献，其通过将每个污染物浓度与网格相关的轨迹求平均，将停留时间加权浓度分配给每个网格单元，计算公式如下[187]：

$$\mathrm{CWT}_{ij}=\frac{\sum_{l=1}^{m}C_l\times\tau_{ijl}}{\sum_{l=1}^{m}\tau_{ijl}} \tag{3-6}$$

式中，C_l——轨迹的浓度；

τ_{ijl}——轨迹的停留时间。

CWT 方法也存在不确定性，本部分采用与 PSCF 相同的权重因子 W（n_{ij}）消除其不确定性，描述如下：

$$\mathrm{WCWT}_{ij}=\frac{\sum_{l=1}^{m}C_l\times\tau_{ijl}}{\sum_{l=1}^{m}\tau_{ijl}}\times W\left(n_{ij}\right) \tag{3-7}$$

根据 PSCF 和 CWT 计算网格应涵盖 95%以上后向轨迹的原则[104]，本书的计算区域为 30～55°N 和 101～127°E，将该区域以 0.5°×0.5°划分为 2 600 个网格，所有轨迹计算的节点数为 4 930，因此，$n_{\mathrm{mean}}\approx 2$。

WPSCF 和 WCWT 分析均使用 MeteoInfo 软件的 TrajStat 插件进行。

4

秦皇岛近海大气气溶胶中氮磷组分的全形态组成、污染特征和来源

海洋大气气溶胶中氮磷组分是海洋中营养物质的重要来源，目前的研究多集中在水溶性的氮磷组分，与非水溶性氮磷组分相关的研究相对缺乏，忽略大气沉降中非水溶性氮磷组分的研究会低估氮磷在海洋生物地球化学循环中的作用。本章以秦皇岛近岸海域采集的 135 个大气气溶胶样品为例，讨论了近海大气气溶胶中氮磷组分的全形态组成及其在不同天气下的污染特征和潜在来源。

4.1 TSP 中氮磷组分的全形态组成

秦皇岛近海大气气溶胶中各种形态氮磷组分的浓度见图 4-1、图 4-2、表 4-1 和表 4-2。从整体上看，大气气溶胶中各种形态氮磷组分的浓度范围变化较大，多数氮磷组分变化范围均在一个数量级以上，DON 变化范围最大，其最大值和最小值相差近 120 倍。这种现象在大气污染化学研究中尤其是时间跨度 1 年以上的研究结果中较为常见[5,23-26,31]，主要是受气流、气团、污染源释放以及天气过程的综合影响[34,188]。

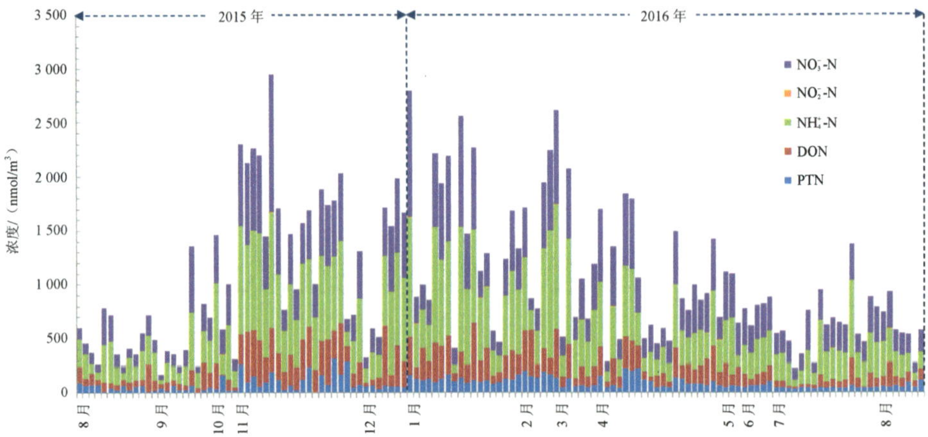

图 4-1　秦皇岛近海大气气溶胶中不同形态氮组分的含量

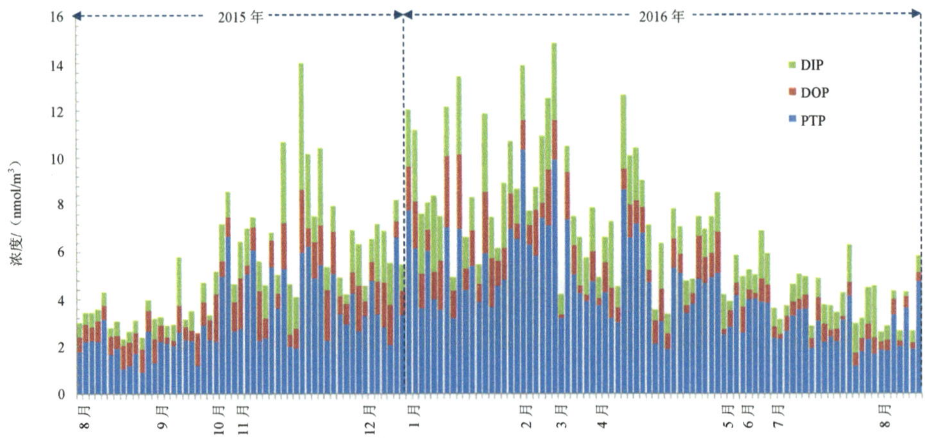

图 4-2　秦皇岛近海大气气溶胶中不同形态磷组分的含量

4.1.1　TSP 中氮组分的形态组成

秦皇岛近岸海域大气气溶胶中 TTN 含量均值为（1 030.8±643.8）nmol/m^3，其中 91.7%为 DTN，浓度均值为（945.2±611.5）nmol/m^3；8.3%为 PTN，可能包

括硝基多环芳烃、硝酸酯、非溶解性氨基酸以及细菌、花粉等生物类有机氮，含量均值为(85.6±58.5)nmol/m^3。DTN 中 82.0%为 DIN，含量均值为(774.7±510.2) nmol/m^3，显著高于 DON 的含量［(170.5±126.2) nmol/m^3］，DIN 含量约是 DON 含量的 4.5 倍，该比例与 Montero-Martínez 等在意大利波谷[189]、Mace[190]在地中海以及 Duan 等[191]在中国北京的研究结果类似。无机氮中，NH_4^+-N 是含量最多的组分，浓度均值为（425.2±285.2）nmol/m^3，占无机氮的 54.9%；其次是 NO_3^--N，浓度均值为（348.9±235.1）nmol/m^3，占无机氮的 45.0%；含量最少的是 NO_2^--N，浓度均值为（0.6±0.65）nmol/m^3，占无机氮的比例仅为 0.1%。总体而言，5 种形态的氮组分含量从大到小依次是 NH_4^+-N＞NO_3^--N＞DON＞PTN＞NO_2^--N，占 TTN 的比例依次为 41.3%、33.8%、16.5%、8.3%、0.1%（图 4-3）。该结果表明，大气气溶胶中的氮多为水溶性组分。首先，含量最多的氮组分为 NH_4^+-N 和 NO_3^--N，二者通常是大气气溶胶中最常见的氮组分，多来源于人类活动产生污染物的二次转化。尤其是 NH_4^+-N，因其在大气中易被氧化，在大气中的传输距离一般较短，多数小于 100 km[84]。NH_4^+-N 在海洋大气中的浓度一般较低，并随离岸距离的增加而迅速递减，而本书区域出现 NH_4^+-N 的高浓度，充分表明秦皇岛近海受人为活动影响的程度较高。其次，水溶性有机氮组分的含量也占到一定比例（达 16.5%），主要包括一些尿素、氨基酸以及其他有机氮化合物[32]。

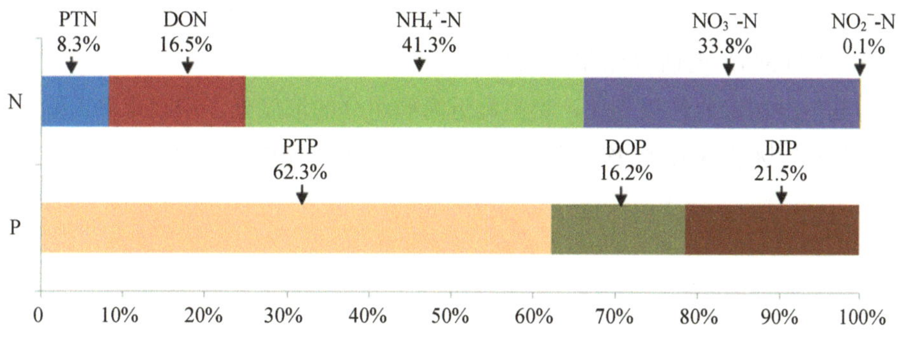

图 4-3 秦皇岛近海大气气溶胶中不同形态氮磷组分的相对比例

与亚洲其他海域的研究结果相比，秦皇岛近海大气颗粒物中氮组分的浓度处于中高水平，明显高于热带和亚热带的阿拉伯海[33]、新加坡近海[31]、中国大亚湾[5]、日本甲府[192]、西北太平洋[193]等地的浓度水平，略高于在温带海洋气候影响下黄海千里岩岛[35]的浓度水平，略低于受大陆和海洋气候影响明显的青岛（2007—2008 年）[32]和胶州湾（2015—2016 年）[34]等地的浓度水平（表 4-1）。秦皇岛沿岸及青岛沿岸等具有相似的地理环境，能源结构以燃煤和燃油为主，经济发展水平和人类活动类型相似，因此大气氮污染均处于中高水平，只是由于文献中青岛沿岸的采样地点更靠近主城区的胶州湾近海，导致其大气颗粒物中氮组分的浓度稍高于本书的秦皇岛近岸海域。

4.1.2 TSP 中磷组分的形态组成

秦皇岛近岸海域大气气溶胶中 TTP 的含量均值为（6.16±2.86）nmol/m^3，其中 62.3%为 PTP，浓度均值为（3.84±1.89）nmol/m^3，37.7%为 DTP，含量均值为（2.31±1.34）nmol/m^3。DTP 中 57.3%为 DIP，含量均值为（1.32±0.89）nmol/m^3，略高于 DOP 的含量［（0.99±0.62）nmol/m^3］。总体而言，3 种形态的磷组分含量从大到小依次是 PTP＞DIP＞DOP，占 TTP 的比例依次为 62.3%、21.5%、16.2%（图 4-3）。与氮不同的是，大气气溶胶中的磷多为非水溶性组分，非水溶性磷组分占总磷的比例与 1974—1975 年北大西洋冬季和夏季[55]（64%）、2000—2002 年大西洋秋季[54]（68%）以及 2004—2005 年青岛近岸[53]（63%）的研究结果非常接近。

与其他区域研究结果相比，秦皇岛近海磷组分的浓度处于中高水平，除 DIP 低于新加坡[31]沿海浓度水平，其余磷组分均略高于其他地区（表 4-2）。

表 4-1　秦皇岛近海及其他地区大气气溶胶中不同形态氮组分的浓度　　单位：$nmol/m^3$

区域	采样时期	参数	TTN	PTN	DTN	DON	DIN	NH_4^+-N	NO_3^--N	NO_2^--N
秦皇岛[本书]	2015 年 8 月—2016 年 8 月	Mean±S.D.	1 030.8±643.8	85.6±58.5	945.2±611.5	170.5±126.2	774.7±510.2	425.2±285.2	348.9±235.1	0.6±0.65
		max	2 954.2	317.5	2 763.1	548.8	2 357.6	1 187.8	1 279.7	2.96
		min	166.9	5.3	128.7	4.6	84.7	39.9	44.7	0.10
		Median	811.0	66.1	743.6	127.3	609.4	320.4	279.6	0.36
胶州湾[34]	2015 年 6 月—2016 年 5 月	Mean	—	—	1 195.7	194.7±142.6	1 001.0±748.6	652.1±488.6	348.9±272.3	0.51±0.50
大亚湾[5]	2015 年 9 月—2017 年 3 月	Mean	—	—	52.40	33.21±22.41	19.19	5.42±7.41	13.51±16.45	0.26
新加坡[31]	2007 年 4 月—2008 年 3 月	Mean	118.57	—	—	—	—	13.57±7.86	49.29±31.43	—
阿拉伯海[33]	2006 年	Mean	—	—	12.2	5.3±4.9	6.9±6.6	≤0.38	6.5±6.5	—
黄海千里岩[35]	2011—2012 年	Mean	—	—	386.0	105.0	281.0	152.0	129.0	—
东海[194]	2010—2011 年	Mean	—	—	—	—	228.5	129.75	98.75	—
西北太平洋[193]	2014 年	Mean	—	—	90.9	10.9	80	26	54	—
青岛伏龙山[36]	2011 年	Mean	—	—	569.0	123.0	446.0	267.0	179.0	—
青岛[32]	2007—2008 年	Mean	—	—	1 336.2	256.0	1 080.2	534.2	285.8	4.13
甲府，日本[192]	2016—2018 年	Mean	68.1	10.4	57.7	6.6	52.9	40.1	12.8	—

表 4-2 秦皇岛近海及其他地区大气气溶胶中不同形态磷组分的浓度

单位：$nmol/m^3$

区域	采样时期	参数	TTP	PTP	DTP	DOP	DIP
秦皇岛[本书]	2015 年 8 月—2016 年 8 月	Mean±S.D.	6.16±2.86	3.84±1.89	2.31±1.34	0.99±0.62	1.32±0.89
		max	14.86	10.36	8.07	3.12	5.38
		min	2.33	0.91	0.65	0.15	0.22
		Median	5.48	3.41	1.90	0.85	1.06
胶州湾[34]	2015 年 6 月—2016 年 5 月	Mean	—	—	1.24	0.44±0.52	0.80±0.53
大亚湾[5]	2015 年 9 月—2017 年 3 月	Mean	—	—	1.39	0.61	0.78
新加坡[31]	2007 年 4 月—2008 年 3 月	Mean	5.81	—	—	—	3.55±1.29
阿拉伯海[33]	2006 年	Mean	—	—	—	—	0.4±0.1
黄海千里岩[35]	2011—2012 年	Mean	—	—	2.14	0.91	1.23
台湾[42]	2003 年 9 月—2004 年 6 月	Mean	—	—	1.49	0.3	1.2

4.2 霾和沙尘天气对大气气溶胶中氮磷组分的影响

为进一步研究灰霾和沙尘等特殊天气过程对秦皇岛近海大气气溶胶氮磷组分浓度的影响，结合本研究得到的 TSP 数据、中国空气质量网（http://www.air-level.com/）中的 PM_{10} 和 $PM_{2.5}$ 数据，将采集的 135 个氮磷 TSP 样品分为 3 类。

4.2.1 样品分类

第 1 类是深秋至冬季受灰霾天气影响的样品，数量为 24 个，这些样品的采样日均被记录为霾天，空气质量指数（AQI）超过 100，总悬浮颗粒物、PM_{10} 和 $PM_{2.5}$ 的质量浓度分别为 324.45 μg/m^3、118.54 μg/m^3 和 70.25 μg/m^3，$PM_{2.5}$ 在 PM_{10} 中和 TSP 中的比例均较高，分别为 59.3%和 21.7%。

第 2 类是受浮尘（或沙尘）天气影响的样品，这类样品分别是在 2016 年 4 月 4 日、2016 年 4 月 21—22 日、2016 年 4 月 24—27 日收集的。结合《沙尘天气年鉴（2016 年）》[195]记录，2016 年 4 月 2 日、2016 年 4 月 21—22 日，中国北方发生了几次沙尘天气过程，影响范围涉及内蒙古、河北、北京和东北地区，从气团后向轨迹图（图 4-4）中可以看出，4 月 4 日、4 月 21—22 日以及 4 月 24 日收集的 7 个样品受到了沙尘事件长距离传输的影响。4 月 25—27 日收集的 6 个样品虽然没有明显受到沙尘的长距离传输的影响，但采样期间的风速达到 3.8～6.4 m/s，秦皇岛近海属于典型的沙丘地质地貌，在较高的风速条件下，地表的细沙和粉沙容易发生起砂和悬浮，因此，这 6 个样品极有可能受当地起砂效应的影响。综上所述，受沙尘事件影响的样品数量总数为 13 个，总悬浮颗粒物、PM_{10} 和 $PM_{2.5}$ 的平均浓度分别为 365.83 μg/m^3、171.69 μg/m^3 和 49.54 μg/m^3，$PM_{2.5}$ 在 PM_{10} 和 TSP 中的比例与灰霾天气相比相对较低，分别为 28.8%和 13.5%。

第 3 类是其他天气条件下的样品，数量为 98 个，总悬浮颗粒物、PM_{10} 和 $PM_{2.5}$ 的平均浓度分别为 170.80 μg/m^3、67.64 μg/m^3 和 29.66 μg/m^3。

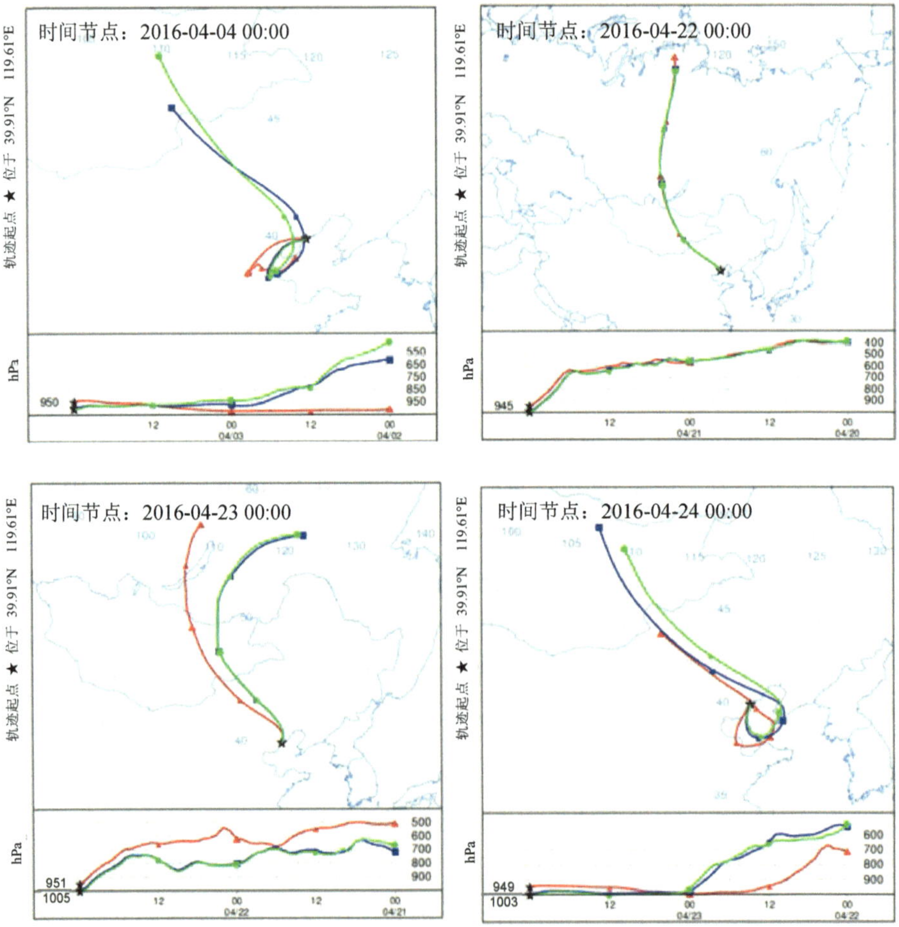

图 4-4 研究区域 2016 年 4 月 4 日、2016 年 4 月 22—24 日 48 小时气团后向轨迹

（美国国家海洋和大气管理局 HYSPLIT 模型运行结果）

4.2.2 不同天气条件下氮磷组分含量的变化

不同天气条件下秦皇岛近海大气气溶胶中氮磷组分的含量情况见表 4-3，增量情况见图 4-5。从图表中可以看出，沙尘天气和灰霾天气来临时，大气颗粒物中氮、磷含量均明显增加。几种颗粒物质量的增幅相较而言，沙尘天气时 TSP 和 PM_{10}

的增幅较 $PM_{2.5}$ 的增幅更为明显，而灰霾天气时大气中 $PM_{2.5}$ 含量增加更为明显。可见，沙尘和灰霾天气对秦皇岛近岸海域大气气溶胶中氮磷组分均有明显影响，除 DOP 在沙尘天气没有增加外，其余组分在沙尘或者灰霾天气影响下至少增加了 14%以上。整体而言，灰霾天气过程对氮磷组分的影响程度要高于沙尘天气过程，但同一天气过程对不同形态的氮磷组分的影响程度是不同的。沙尘天气影响下，氮磷组分整体增加了 40%左右，其中对非水溶性氮磷组分的影响比水溶性氮磷组分更为明显，如 PTN 和 PTP 在沙尘天气时增加的比例高达 88%和 57.4%，而水溶性氮磷组分的增幅相对较低（为 10%～30%），这再次验证了远距离沙尘传输和地表扬尘是非水溶性氮磷组分的重要来源[92]。灰霾天气影响下，大气中水溶性氮磷组分增加的比例较非水溶性氮磷组分要明显，DTN 和 DTP 增加的幅度分别为 141.8%和 52.3%，PTN 和 PTP 的增加幅度分别为 85.8%和 41.7%，这也验证了前述有关灰霾天气影响下生成的二次污染氮磷组分多为水溶性组分的推论。可见，沙尘和灰霾天气均能造成大气中氮磷污染物的聚集，从而有可能导致大气营养物质在短期内向近岸海域的大量沉降[196]。

表 4-3　不同天气条件下秦皇岛近海大气气溶胶中氮磷组分含量的对比

化学组分	浓度（$PM_{2.5}$、PM_{10}、TSP 浓度单位为 μg/m^3，其余为 nmol/m^3）			浓度增量/%	
	沙尘天气（n=13）	灰霾天气（n=24）	无沙尘/灰霾天气（n=98）	沙尘天气	灰霾天气
TTN	1 142.52	1 902.16	802.72	42.3	137.0
PTN	130.07	128.55	69.19	88.0	85.8
DTN	1 012.45	1 773.61	733.53	38.0	141.8
DON	200.29	314.62	131.28	52.6	139.7
DIN	812.16	1 458.99	602.25	34.9	142.3
NH_4^+-N	397.60	812.97	333.97	19.1	143.4
NO_3^--N	413.64	645.24	267.76	54.5	141.0
NO_2^--N	0.93	0.78	0.62	48.1	24.4

化学组分	浓度（$PM_{2.5}$、PM_{10}、TSP 浓度单位为 μg/m^3，其余为 nmol/m^3）			浓度增量/%	
	沙尘天气（n=13）	灰霾天气（n=24）	无沙尘/灰霾天气（n=98）	沙尘天气	灰霾天气
TTP	7.76	8.02	5.50	41.1	45.7
PTP	5.36	4.83	3.41	57.4	41.7
DTP	2.40	3.19	2.10	14.5	52.3
DOP	0.91	1.34	0.93	−1.4	44.7
DIP	1.49	1.85	1.18	25.9	56.7
$PM_{2.5}$	49.54	70.25	29.66	67.0	136.8
PM_{10}	171.69	118.54	67.64	153.8	75.2
TSP	365.83	324.45	170.80	114.2	90.0

注：n 为样品数量。

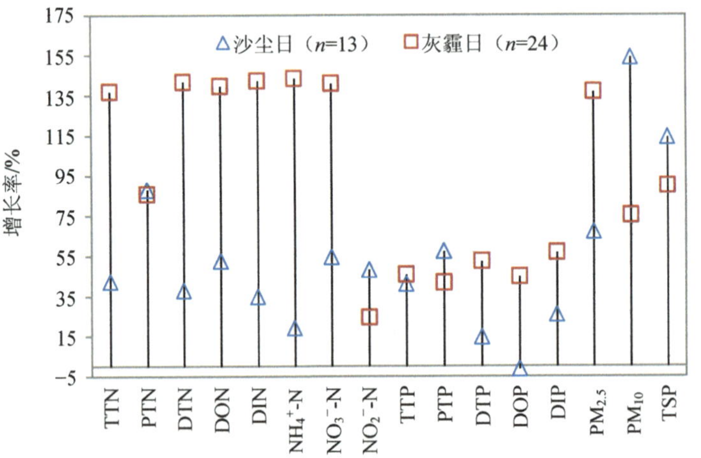

图 4-5 雾霾天气和沙尘天气发生时秦皇岛近海大气气溶胶中氮磷组分的增量

4.2.3 不同天气条件下氮磷比的变化

为探究大气沉降可能给秦皇岛近海带来的生态影响，计算沙尘、灰霾和其他天气条件下大气颗粒物中 TTN/TTP 和 DTN/DTP 比值，见表 4-4。结果表明，大气气溶胶中的氮磷比均远高于 Redfield 比值（N/P=16）。非沙尘和非灰霾天气条件下 DTN/DTP 比值及 TTN/TTP 比值分别为 350 和 146，灰霾天气时大气中 DTN/DTP 比值及 TTN/TTP 比值分别增长至 556（增幅为 58.8%）和 237，沙尘天气条件下 DTN/DTP 比值增加到 422（增幅为 20.5%），而 TTN/TTP 比值变化极小。这反映出灰霾天气条件下大气中氮组分含量的增加比磷明显（无论是水溶性还是非水溶性组分），而沙尘天气条件下氮磷组分因溶解性不同表现出不同的规律：大气中水溶性氮组分含量的增加比水溶性磷组分明显，而非水溶性氮组分含量的增加不及非水溶性磷组分明显。这可能由于氮组分更多地来源于二次转化，磷组分更多地来源于一次污染，而灰霾天气更有助于二次污染组分的生成，沙尘天气则更多地影响了一次组分。

表 4-4　不同天气条件下大气气溶胶中的氮磷比

组分比	比值		
	沙尘日（n=13）	灰霾日（n=24）	非沙尘/灰霾日（n=98）
TTN/TTP	147.18	237.22	145.86
DTN/DTP	421.85	555.88	350.08

注：n 为样品数量。

此外，将 PTP 与 TSP 进行相关性分析。结果显示，在 3 种天气条件下，PTP 和 TSP 的浓度存在正相关关系（图 4-6）。在沙尘天气条件下，PTP 浓度与 TSP 的相关性更大，相关系数为 0.85（$p<0.05$），而在灰霾天气时，相关系数较低，为 0.38（$p<0.05$）。这表明，作为大气中磷比例最高的物种，PTP 更多地来自矿物气溶胶，这与之前的研究结论相符[89]。

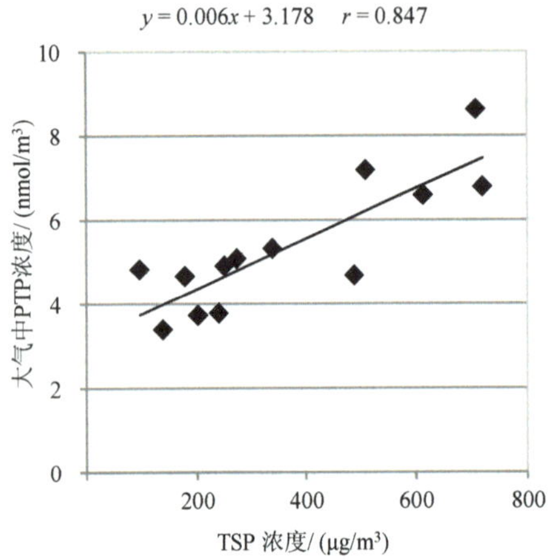

（a）沙尘日

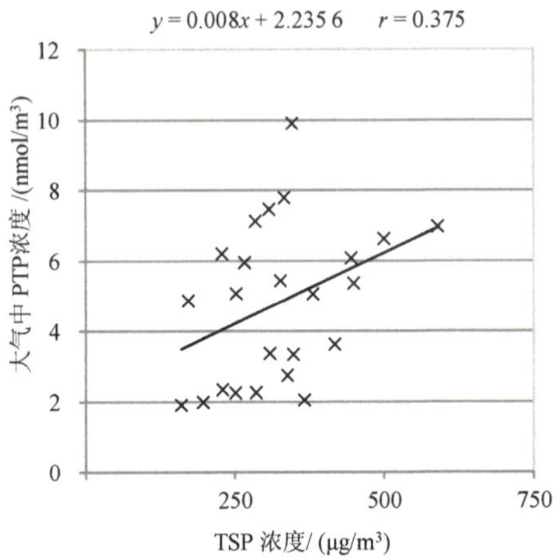

（b）灰霾日

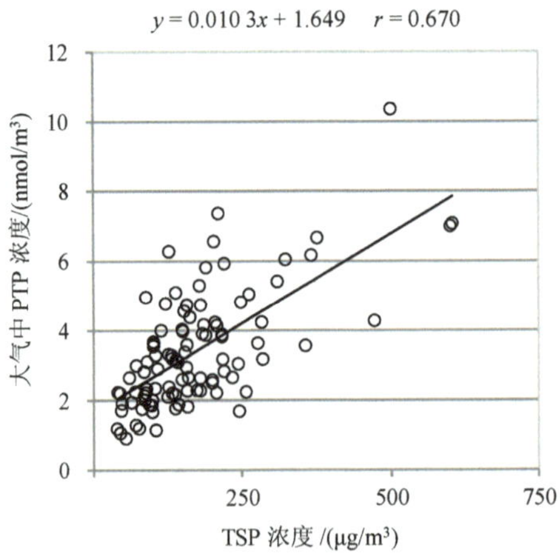

（c）非沙尘/灰霾日

图 4-6　秦皇岛近海不同天气条件下大气气溶胶中 PTP 与 TSP 的相关性

这里假设大气氮磷的沉降入海效率相同，那么可以推断，沙尘和灰霾天气可能会加剧秦皇岛近岸海域的磷限制（据中国海洋环境质量公报监测数据估算[182]，相对海水中氮的含量来讲，磷的浓度较低，P/N 低于 Redfield 值“1/16”，磷是该海域初级生产力的限制因子），尤其能够引起与初级生产力直接相关的水溶性氮磷比的显著增加。

4.2.4 不同污染程度下氮磷组分的分布规律

秦皇岛所在的京津冀地区是中国重污染天气高发区之一，$PM_{2.5}$是污染天气的重要指标，为进一步探究不同污染程度下大气颗粒态氮磷组分的分布规律，依据《环境空气质量标准》（GB 3095—2012）中对于 $PM_{2.5}$ 的分级标准，将 135 个采样日分为一级（$PM_{2.5}<35\ \mu g/m^3$）、二级（$35\ \mu g/m^3 \leqslant PM_{2.5}<75\ \mu g/m^3$）和三级（$PM_{2.5} \geqslant 75\ \mu g/m^3$），3 个污染级别下颗粒物及氮磷组分的含量见表 4-5。可以发现，$PM_{2.5}$ 质量等级为一级时，$PM_{2.5}$ 与 PM_{10} 的比值最低，仅为 0.33，相应的氮磷组分的含量也较低，$PM_{2.5}$ 质量等级为二级时 $PM_{2.5}$ 与 PM_{10} 的比值增大至 0.51，相应的氮磷组分的含量有所升高，$PM_{2.5}$ 质量等级为三级时 $PM_{2.5}$ 与 PM_{10} 的比值升高至 0.61，氮磷组分的含量也最高，这表明秦皇岛重污染天气时，大气中 $PM_{2.5}$ 的比例明显升高，由此带来氮磷二次污染组分的聚集，成为该区域重污染天气的重要特征。从氮磷组分的比值来看，TTN/TTP 和 DTN/DTP 的比值也由 $PM_{2.5}$ 质量为一级时的 141.86 和 377.10 分别上升到二级、三级时的 200 和 500 以上。可见重污染天气时水溶性氮磷比的升高更明显，这是因为在重污染天气时，氮组分中占比最高的 NH_4^+-N 和 NO_3^--N 有相当大的比例来源于人类活动产生的 NH_3 和 HNO_3 发生的非均相反应[34,168]，这与前述灰霾天气显著增加水溶性氮组分的结论一致。

表 4-5 不同空气质量等级下秦皇岛近海大气气溶胶中氮磷组分的含量情况

空气质量级别	组分浓度/（$nmol/m^3$）				组分比值		
	TTN	DTN	TTP	DTP	TTN/TTP	DTN/DTP	$PM_{2.5}/PM_{10}$
一级（n=75）	742.17	671.85	5.36	1.95	141.86	377.10	0.33
二级（n=45）	1 325.05	1 224.93	6.86	2.74	208.33	531.85	0.51
三级（n=15）	1 592.08	1 473.59	8.13	2.90	202.00	581.25	0.61

4.3 大气气溶胶中氮磷组分的时空分布特征

4.3.1 季节变化趋势

整个采样期间为 2015 年 8 月 21 日—2016 年 8 月 31 日，按照中国北方的习惯，将所采集的样品按照春季 3—5 月、夏季 6—8 月、秋季 9—11 月、冬季 12—2 月进行划分（图 4-7）。从季节分布来看，秦皇岛近海大气气溶胶中氮组分和水溶性磷组分的含量呈现冬季浓度最高，其次是秋季，再次是春季，最低是夏季的趋势；非水溶性磷和总磷的含量呈现冬季最高，其次是春季，再次是秋季，最低是夏季的变化趋势。该趋势与中国北方大部分区域的情况类似[34,197]。

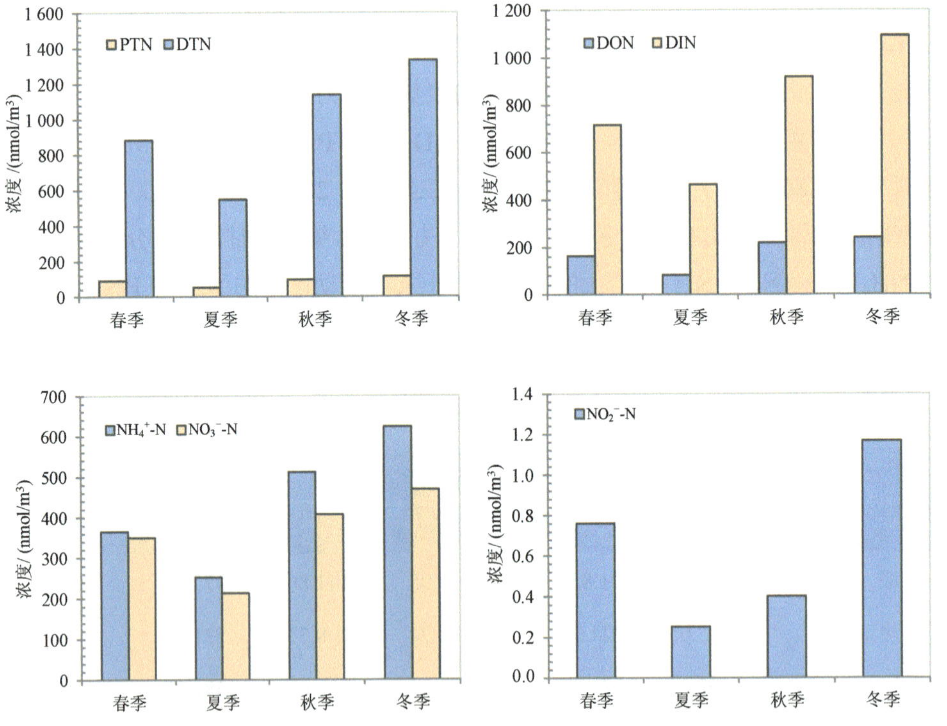

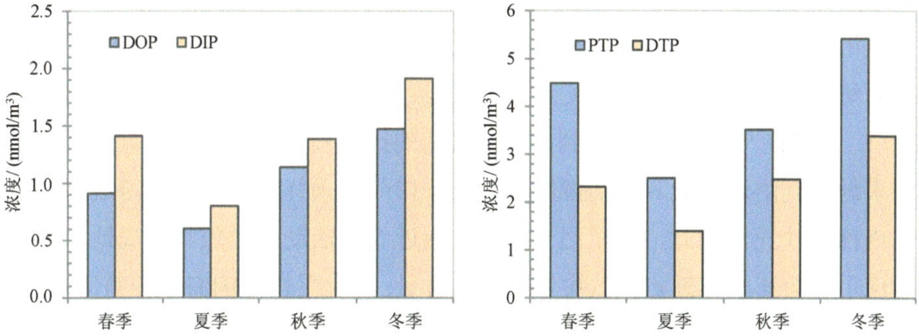

图 4-7 秦皇岛近海大气气溶胶中不同形态 N/P 的季节变化

冬季大气颗粒物中氮磷组分浓度高是因为北方冬季盛行西北季风，带来了西北内陆地区以及京津冀高浓度的污染物质，且此时该地区处于供暖季，采暖期的燃煤排放极易导致重污染天气的形成[198]。夏季氮磷组分浓度低的原因有 3 个：①夏季东南季风给该区域带来了 477.80 mm 降水，占全年降水量的 76%，丰沛的降水能够使空气中的污染物得到清除；②夏季气温较高，不利于半挥发性和挥发性物质向颗粒态转化[199]；③空气湿润度高，植被覆盖率高，地面扬尘少，进入大气中的氮磷污染物较少。氮组分和水溶性磷组分的含量在秋季要大于春季，主要是因为进入 11 月中旬后，研究区域受燃煤排放和静稳天气的影响，灰霾天气频发，有利于大气中二次污染组分（包括大部分氮组分和水溶性磷组分）的生成；而 PTP 在春季要大于秋季，这是因为非水溶性组分多为一次粗颗粒物，秋季的灰霾天气并不会导致其增加，反而是春季的沙尘（浮尘）天气能够导致其明显增加，同时因 PTP 是大气颗粒物中磷的主要存在形态（见 4.1.2），导致 TTP 含量在春季也明显增加。

4.3.2 空间分布对比

为验证秦皇岛近海大气气溶胶中氮磷组分的含量在近岸城区、近岸郊区、海上 3 个采样点是否存在显著的空间差异，挑选了 2015 年 11 月和 2016 年 1 月、4 月、7 月三区域同步采集的样品，对大气颗粒物中氮磷组分的含量进行了空间对比分析，结果如图 4-8 所示。结果显示，3 个站点氮磷组分含量呈现出微小差异。大气气溶胶中氮磷组分的浓度在近岸城区最高，其次是近岸郊区，海上浓度最低。但是对每两个站点的样本进行配对 T 检验后，3 个站点之间没有显著差异（$p>0.05$）。这可能与 3 个地点受到局地污染源的影响程度不同有关。近岸城区采样点更多地受到附近工业和生活源的影响；近岸郊区采样点更靠近旅游线路以及秦皇岛南部的沙丘，因此，汽车尾气排放、附近农田活动的排放物和局地沙尘的起砂效应可能会影响该地点大气中氮和磷的含量；海上采样点因海域养殖活动频繁，更容易受到附近海水养殖和渔船尾气排放的影响。可以推断，虽然秦皇岛近海不同区域的 3 个站点所代表的空气污染状况不同，但是在中小尺度上，3 个站点大气气溶胶中污染物浓度并没有表现出明显降低趋势，只是近似呈现了近岸城区最高、近郊旅游区次之、近海最低的趋势。

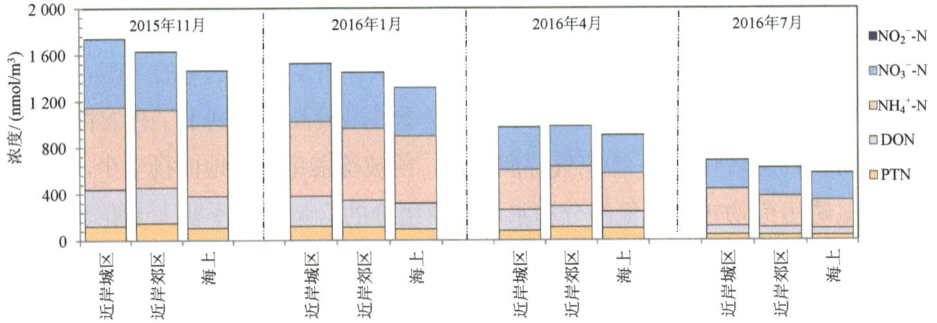

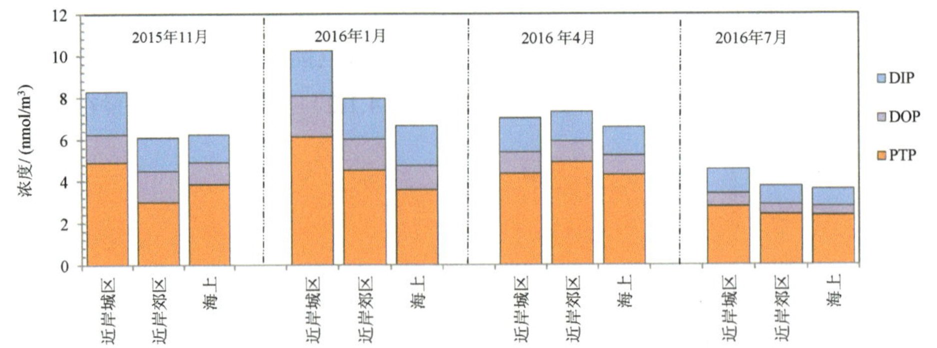

图 4-8　集中采样期间不同区域大气颗粒物中的氮磷组分含量的对比

4.4 大气气溶胶中氮磷组分的粒径分布特征

气溶胶中污染组分的粒径分布关系到大气颗粒物在大气中的悬浮时间、污染物在大气中的传输和化学转化，对于研究气溶胶中污染物的来源、消光剂辐射特性、海洋背景下大气颗粒物的吸湿增长、气溶胶生成和转化机理、气溶胶污染物从大气中的迁出和沉降等过程至关重要，因此本节将探讨秦皇岛近海大气气溶胶中氮磷组分的粒径分布特征。

4.4.1 质量浓度分布函数

本部分采用质量浓度分布函数[200]来分析氮磷组分的粒径分布规律。

$$q=\mathrm{d}c/\mathrm{dlog}D=\Delta c/\Delta\mathrm{log}D \tag{4-1}$$

式中，q —— 质量浓度分布函数，用 $\Delta M/\Delta\mathrm{log}D$ 近似表示；

$\mathrm{d}c$，Δc —— 某一粒径区间粒子中组分的质量浓度；

$\mathrm{dlog}D$，$\Delta\mathrm{log}D$ —— 对应粒径区间上限与下限粒径对数值的差值。

秦皇岛近岸海域不同季节氮磷组分的粒径分布情况如图 4-9 和图 4-10 所示。

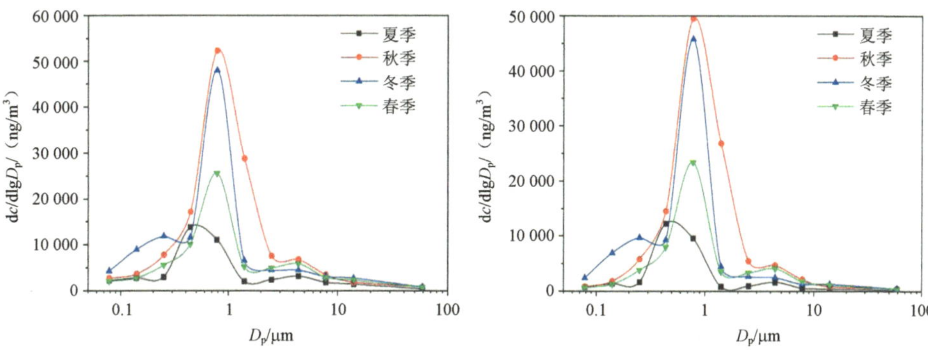

（a）TTN　　（b）DTN

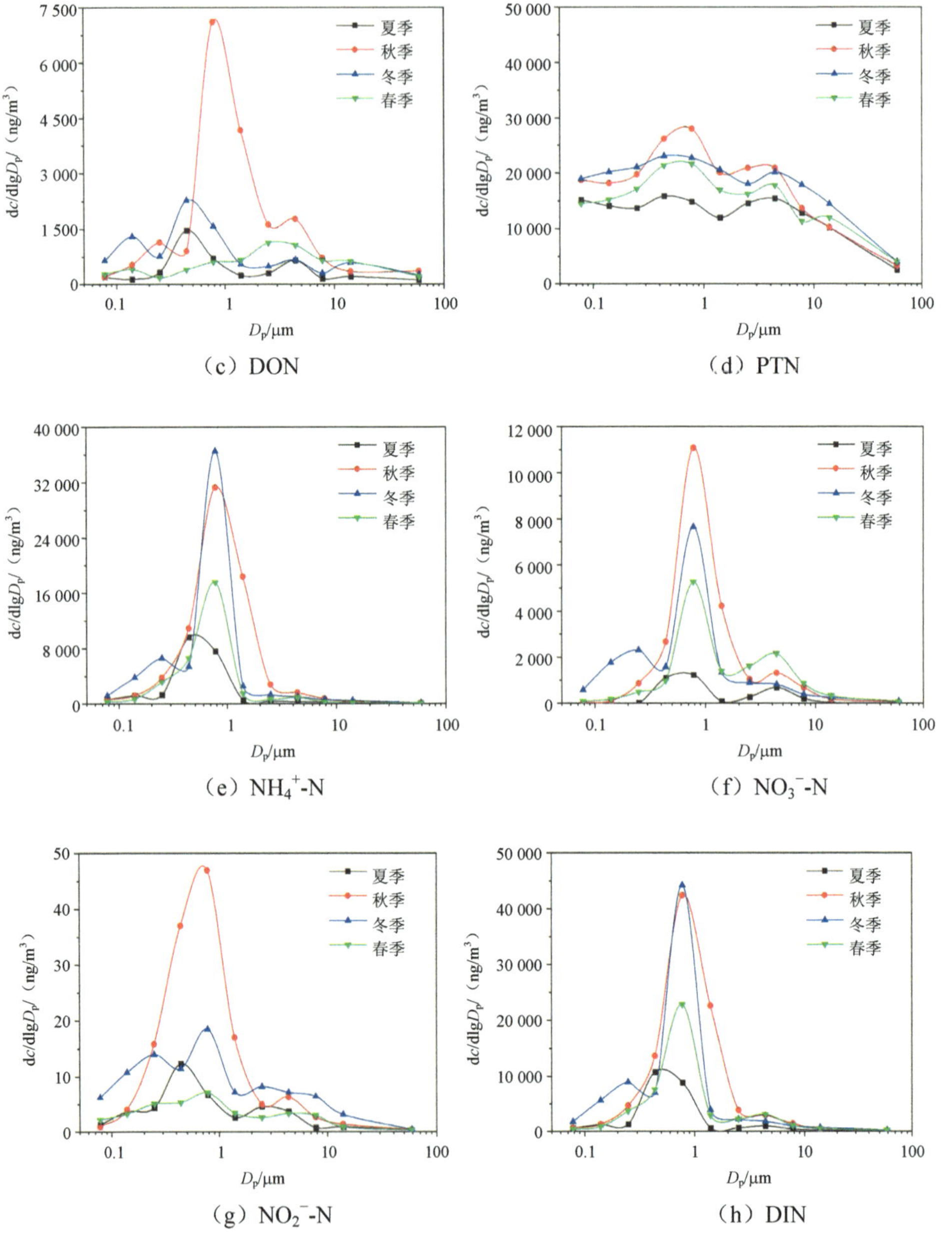

图 4-9　秦皇岛近海不同季节氮组分的粒径分布

4.4.2 大气气溶胶中氮组分的粒径分布

目前对于大气气溶胶中氮组分粒径分布规律的研究多为无机氮组分，对于大气无机氮组分的粒径分布、来源和机制也有了初步的认识[66,67,73]，关于水溶性有机氮组分的粒径分布也开展了少量研究[201,202]，而对于非水溶性氮组分的粒径分布研究基本处于空白。本部分对各类无机氮组分的粒径分布进行了以下研究：

从图4-9中可以看出，翡翠岛大气颗粒物中的NH_4^+-N有92.5%以上集中分布在1.8 μm以下的细粒子模态，这充分说明大气颗粒物中的NH_4^+-N主要来源于NH_3与空气中其他组分的二次转化，并在色谱分析法和单颗粒分析中均得到证实[203,204]。各季节大气颗粒物中NH_4^+-N的粒径分布略有差异，秋季、夏季、春季大气颗粒物中NH_4^+-N的粒径呈单峰分布，其中夏季大气颗粒物中NH_4^+-N的峰值出现在0.32～0.56 μm，而秋季和春季的峰值向稍大粒径段0.56～1.0 μm偏移。冬季大气颗粒物中NH_4^+-N的积聚模态出现两个峰值，除液滴模态0.56～1.0 μm的最高峰值外，在0.18～0.32 μm的凝聚模态出现了次峰，这可能与铵盐热力学性质不稳定有关[203]。液滴模态和凝聚模态均为二次气溶胶组分NH_4^+-N的可能存在模态，凝聚模态因粒径更小，在气温较高的季节很容易挥发或分解成气态，而在低温的冬季则相对不易挥发，能够以固相铵盐的形式相对稳定存在。

NO_3^--N 与 NH_4^+-N 的粒径分布规律不尽相同。与 NH_4^+-N 相同的是，NO_3^--N 的主峰值也出现在0.56～1.0 μm和0.32～0.56 μm的积聚模态，形成原因与NH_4^+-N类似，来源于 NO_x 或 HNO_3 与空气中污染组分的二次转化[205]。与 NH_4^+-N 不同的是，除细粒子模态的主峰外，夏季、秋季、春季大气颗粒物中 NO_3^--N 在 3.2～5.6 μm 的粗粒子模态也出现了不同程度的次峰值，且呈现出明显的季节变化规律。粗粒子模态的峰值最明显的为夏季，其次是春季，再次是秋季。

夏季粗粒子模态的NO_3^--N可能来源于NO_x气体与空气中一次粗粒子组分的气固转化过程或者二次细粒子的碰并和生长过程。有研究表明[73,74]，海盐气溶胶的氯亏损可能是沿海地区大气硝酸盐粗颗粒的一个重要来源。夏季为该地区的旅游旺季，汽车通行量占全年的 1/2 以上，汽车燃油释放大量的NO_x，另外，空气中含有大量的海盐粗粒子，在湿度较大的情形下，形成$NaCl(CaCO_3)$-NO_x-H_2O (汽) -空气体系，同时该季节光化学反应强，NO_x在海盐粗粒子表面转化为$NaNO_3$[$Ca(NO_3)_2$]气溶胶的比例也要比其他季节高。

春季 NO_3^--N 在 3.2～5.6 μm 粗粒子模态的峰值主要与沙尘（浮尘）天气有关。春季，该区域受西北沙尘远距离输送的影响，也受风速较大时地表细沙悬浮而引发本地浮尘天气的影响。有研究显示，沙尘（浮尘）暴发时期，空气中的粗粒子增长幅度达 320%～400%[70]，这些增多的粗粒子与空气中的污染组分相互作用，在粉尘气溶胶表面形成 $Ca(NO_3)_2$ 等粗粒子[72]，导致春季 NO_3^--N 在粗粒子模态出现峰值。

秋季，粗粒子峰值不明显，采样期间北方供暖已开始，污染气体排放增强，在静稳天气条件下，形成了重度灰霾天气，更加有利于 NO_x 向二次气溶胶细颗粒物转化，因此秋季细粒径段的 NO_3^--N 明显升高，这在青岛地区的研究结果中也得到了证实[206]。

冬季同样受北方供暖季影响，细粒子硝酸盐组分的前体物 NO_x 等污染物含量充足，因此 NO_3^--N 在 0.56～1.0 μm 的粒径段出现最高峰值，并且与 NH_4^+-N 类似，由于冬季气温低，半挥发性的硝酸盐组分能够在更细的粒子中相对稳定地存在[199]，因而在 0.18～0.32 μm 的凝聚模态出现了次峰。

NO_2^--N整体也呈双峰或多峰分布，与NO_3^--N具有一定的一致性，但由于NO_2^--N的性质不稳定，含量较低，粗细粒子模态的峰值不如NO_3^--N明显。

PTN 整体上呈双峰分布，在粗粒子模态和细粒子模态各出现一个峰值，并且粗细粒子模态含量的差异较水溶性氮要小得多，一方面说明与 PTN 含量低有关，另一方面说明 PTN 在粗粒子上的分布比例较水溶性氮部分要高，非溶解矿物、非水溶性的有机质等多为粗粒子。

DON为氮组分中峰值分布最为复杂的组分，这是由于有机氮来源较为复杂，不仅有工农业生产的来源，也有生活垃圾和废弃物处置等来源，甚至植被、动物、土壤表面也向大气中释放有机氮[88]。此外，大气中有机氮还来源于碳氢化合物同活性较高的NO_x之间的光化学反应[87]。这些含氮物质在大气中的各种转化过程较为复杂，生成有机氮不局限于某一特定粒径段。此外还发现，秋季灰霾天气下DON细粒径的峰值最为明显，表明灰霾天气的气象和化学条件有利于大气中DON的生成。

DIN、DTN 和 TTN 受上述 NH_4^+-N、NO_3^--N、NO_2^--N、PTN 和 DON 的影响，也呈现一定的粒径分布特征，并且由于大气中无机氮组分在所有氮组分中的绝对贡献最大，所以整体表现出无机氮中最主要组分 NH_4^+-N 和 NO_3^--N 的综合特征。整体来看，总氮有 78%以上集中分布在 1.8 μm 以下的细粒子模态，冬季在细粒子模态呈双峰分布，而其余季节在细粒子模态和和粗粒子模态各出现一个峰值。

4.4.3 大气气溶胶中磷组分的粒径分布

无论是有机态还是无机态，目前有关大气颗粒物中磷组分的粒径分布规律的研究都尚不多见。

从本书的研究结果来看（图4-10），大气气溶胶中的PO_4^{3-}-P在夏季、冬季、春季呈多峰分布，在粗粒子模态和细粒子模态均出现峰值。其中，夏季大气颗粒物中PO_4^{3-}-P呈三峰分布，积聚模态出现两个峰，粗粒子模态出现一个峰；积聚模态的最大峰值在0.32～0.56 μm的粒径段，另一个峰值出现在0.10～0.18 μm的粒径段，粗粒子模态的峰值出现在3.2～5.6 μm的粒径段。冬季大气颗粒物中PO_4^{3-}-P呈四峰分布，在粗粒子模态和细粒子模态各出现两个峰值，最高峰值出现在0.56～1.0 μm的积聚模态，细粒子模态的峰值可能来源于冬季燃煤取暖形成的二次无机磷，粗粒子模态峰值的出现可能来源于地壳气溶胶或者燃煤飞灰产生的一次磷酸盐气溶胶。春季大气颗粒物中PO_4^{3-}-P呈三峰分布，与其余季节明显不同的是最高峰值出现在3.2～5.6 μm的粗粒子模态。如前所述，春季是秦皇岛近海沙尘或浮尘天气多发季节，不少研究指出，沙尘暴事件对磷酸盐在粗粒子模态的分布有重要贡献[54,207]。此外，PO_4^{3-}-P在0.1～0.18 μm和0.56～1.0 μm的细粒子模态也出现了峰值，这主要与大气中含磷物质的二次转化有关。而秋季大气颗粒物中的PO_4^{3-}-P呈明显的单峰分布，70.26%以上的PO_4^{3-}-P集中分布在0.056～1.0 μm的积聚模态，说明灰霾天气更有助于二次细粒子PO_4^{3-}-P的生成，对粗粒子态的PO_4^{3-}-P的影响不明显。

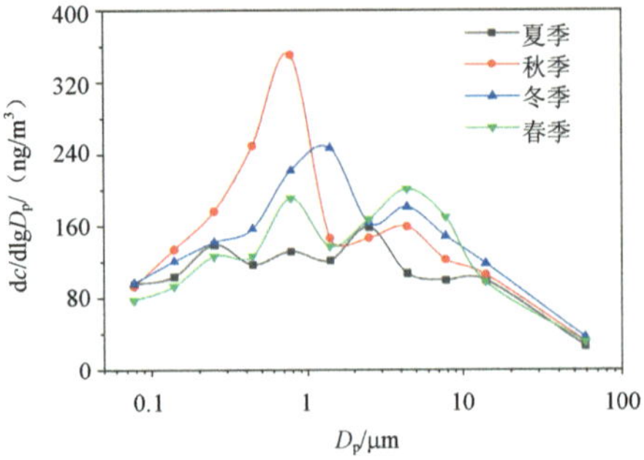

（a）TP

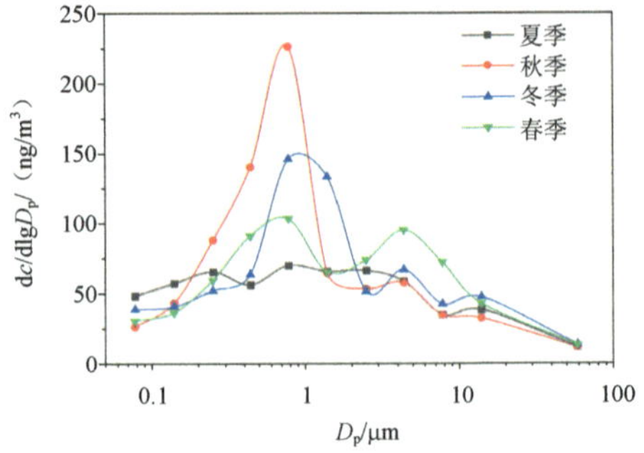

（b）DTP

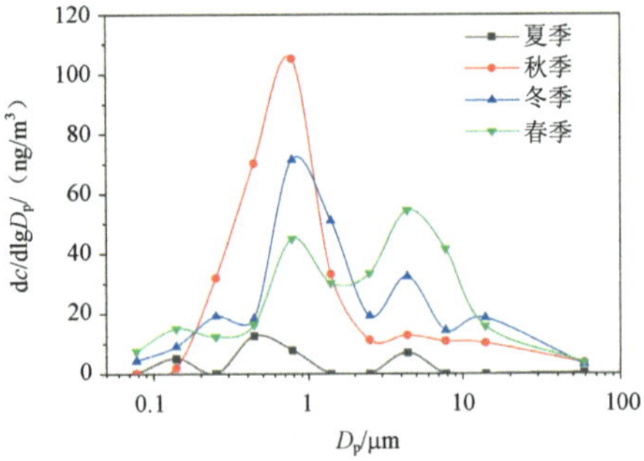

（c）PO_4^{3-}-P

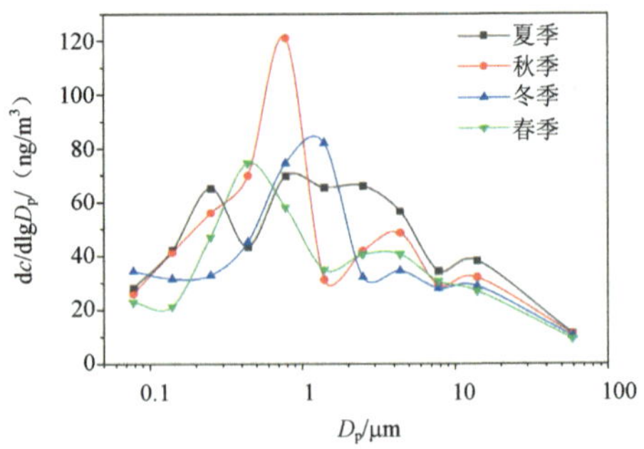

（d）DOP

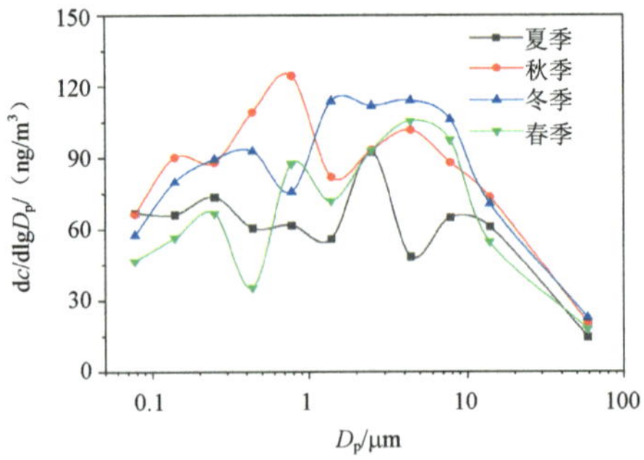

（e）PTP

图 4-10　秦皇岛近海不同季节磷组分的粒径分布

总体来讲，DOP 多分布于细粒子部分，1.8 μm 以下的细粒子部分占 65.7%。DOP 在夏季、冬季、春季的粒径分布与 PO_4^{3-}-P 类似，均出现了 3 个峰值。其中，夏季在细粒子模态出现两个峰，在粗粒子模态出现一个峰；冬季在粗粒子模态出现两个峰，在细粒子模态出现一个峰；春季在细粒子模态出现两个峰，在粗粒子模态出现一个峰。DOP 粒径分布的峰值出现的位置与 PO_4^{3-}-P 相比，整体向较大的粒径段移动。一方面，因为组成 DOP 的多为大分子量物质，在大气中附着的粒子粒径也相应地比水溶性无机磷吸附的粒径稍大。另一方面，大气气溶胶中有机磷来源受地壳金属如铁和铝氧化物渗入 OP 的影响[42]，同时受生物源（如真菌、细菌和花粉）的影响[75]，这些都可能导致 DOP 粒径较大。

PTP 分布于粗粒子的比例明显增加（粗粒子的含量达 47.05%）。除秋季在 0.56～1.0 μm 细粒径段稍有优势外，其余季节在各个粒径段的含量均大致相当。

DTP、TTP 的分布规律受上述 DIP、DOP 和 PTP 的影响，在各季节呈不同的多峰分布规律。秋冬季节在细粒径段 0.5～1.0 μm 或 1.0～1.8 μm 的峰值最为明显，明显高于粗粒子部分，而夏季和春季在粗细粒径段的峰值高低无明显差异。

表 4-6 秦皇岛近海不同季节 N/P 组分粒径分布特征

季节	粒径区间/μm	PO_4^{3-}-P/%	NO_3^--N/%	NH_4^+-N/%	DTP/%	DTN/%	PTP/%	PTN/%
春	＞18	3.93	1.13	0.77	5.40	1.96	7.02	6.66
	10～18	6.01	2.40	0.46	6.24	2.13	7.25	6.88
	5.6～10	15.34	6.48	0.72	10.30	3.36	12.97	6.29
	3.2～5.6	19.21	15.58	2.67	13.04	7.70	13.51	9.83
	1.8～3.2	11.61	11.87	1.83	10.42	6.41	11.70	9.12
	1.0～1.8	10.54	10.41	4.65	9.47	6.83	9.29	9.77
	0.56～1.0	15.55	39.76	55.71	14.61	45.65	11.56	12.59
	0.32～0.56	5.58	7.00	20.30	12.52	15.01	4.18	12.01
	0.18～0.32	4.08	3.51	9.89	8.42	7.34	8.77	9.76
	0.10～0.18	5.75	1.25	2.14	5.25	2.42	7.51	8.86
	0.056～0.10	2.40	0.60	0.86	4.33	1.20	6.23	8.22

季节	粒径区间/μm	PO_4^{3-}-P/%	NO_3^--N/%	NH_4^+-N/%	DTP/%	DTN/%	PTP/%	PTN/%
夏	>18	4.60	1.13	0.75	4.87	1.80	5.84	5.09
	10～18	0.00	0.83	0.78	6.13	1.34	8.68	7.15
	5.6～10	0.00	5.71	0.86	5.41	1.80	9.69	8.77
	3.2～5.6	26.60	17.66	1.25	8.82	5.11	5.64	10.28
	1.8～3.2	0.00	7.29	1.59	9.67	3.04	14.66	9.98
	1.0～1.8	0.00	2.19	2.38	10.44	2.81	6.49	8.25
	0.56～1.0	14.14	34.46	35.24	10.14	32.05	9.10	10.28
	0.32～0.56	45.11	30.27	43.05	9.32	39.57	7.64	10.57
	0.18～0.32	0.30	0.21	5.92	10.14	5.43	11.32	9.29
	0.10～0.18	9.25	0.24	5.53	12.56	4.51	10.21	9.89
	0.056～0.10	0.00	0.01	2.65	12.49	2.53	10.73	10.45
秋	>18	3.50	0.67	0.36	4.29	1.15	6.31	4.64
	10～18	3.38	0.86	0.36	4.23	0.69	7.58	5.11
	5.6～10	3.56	3.06	0.97	4.44	1.84	9.05	6.67
	3.2～5.6	4.37	5.66	2.12	7.25	3.94	10.15	9.82
	1.8～3.2	3.91	4.49	3.75	6.87	4.66	9.34	10.19
	1.0～1.8	11.01	19.02	25.38	8.23	23.47	8.10	9.89
	0.56～1.0	35.27	49.97	43.66	27.34	44.07	13.10	13.48
	0.32～0.56	23.00	11.92	15.49	16.93	12.74	11.24	12.34
	0.18～0.32	11.35	3.78	5.50	11.50	5.18	8.66	9.62
	0.10～0.18	0.65	0.43	1.65	5.49	1.57	9.68	9.08
	0.056～0.10	0.00	0.14	0.77	3.42	0.68	6.78	9.15

季节	粒径区间/μm	PO_4^{3-}-P/%	NO_3^--N/%	NH_4^+-N/%	DTP/%	DTN/%	PTP/%	PTN/%
冬	>18	3.45	1.34	0.52	5.42	1.53	7.00	5.65
	10～18	6.72	1.48	0.80	6.80	1.58	7.58	6.92
	5.6～10	5.55	2.21	1.01	5.88	1.49	10.79	8.61
	3.2～5.6	11.80	4.28	1.52	9.04	2.61	11.20	9.26
	1.8～3.2	7.00	4.87	2.15	7.17	2.96	11.23	8.62
	1.0～1.8	20.78	7.43	4.29	17.98	5.06	12.29	10.10
	0.56～1.0	26.37	39.26	59.10	20.59	50.50	7.84	10.98
	0.32～0.56	6.43	9.35	9.65	8.73	10.75	9.13	10.63
	0.18～0.32	7.08	13.72	11.47	7.33	11.37	8.71	10.02
	0.10～0.18	3.38	11.93	7.18	5.72	8.93	8.46	9.95
	0.056～0.10	1.45	4.13	2.30	5.34	3.21	5.77	9.27

4.5 大气气溶胶中氮磷组分的潜在源区识别

相关研究发现，氮中贡献最高的 NH_4^+-N 主要来源于化肥、畜牧养殖、燃煤、城市废弃物和人粪便处理等[77,78,81,83,208-210]，氮组分中含量居第二位的 NO_3^--N 多来源于燃料燃烧释放的含氮物质[84]，可见氮组分多受人为活动的影响。磷具有复合源，地壳物质、工业、生物质或石化燃料燃烧等均为磷的潜在来源[41]，但一般认为其多来源于沙尘和土壤颗粒再悬浮[89]。因此，大气污染物输送所经过区域的人为活动、地表污染源特点将会对秦皇岛大气气溶胶中的氮磷组分产生重要影响。下面结合气团聚类分析及 WPSCF 和 WCWT 值的计算结果来讨论秦皇岛近海大气氮磷组分的潜在源区。

4.5.1 不同来源气团聚类分析和 PSCF、CWT 分析

研究共计算了 103 个采样日的后向轨迹，分为 4 类。结果显示，全年采样期间秦皇岛沿岸区域受偏北风的影响比较显著，其中来自东北方向（NE）、西北方向（NW）和正北方向（N）的轨迹所占比例分别为 31.1%、30.1%和 10.7%，而来自正南方向（S）的轨迹所占比例为 28.2%。依据不同的轨迹聚类对大气样品进行分类，各聚类气团的氮磷组分浓度如表 4-7 所示。

从表 4-7 中的统计结果可以看出，来自西北方向的聚类气团途经西北沙尘和京津冀重污染区，并且污染轨迹长，沿途氮组分和磷组分充分混合，因此氮磷各组分浓度均较高。

来自正南方向的聚类气团，主要途经山东、天津、河北、河南、安徽、江苏等人口稠密区，这些区域的人类工业活动、生活和汽车尾气会释放出大量含氮物质，因此各类氮组分的浓度较高，但因未经过沙尘和土壤源区，磷组分浓度较低。

来自正北方向的聚类气团主要途经蒙古国、我国内蒙古自治区以及河北偏远地区。这条路径上气候干燥，沿途带来了沙尘物质，因此磷组分浓度高，而氮组分浓度低。

来自东北方向的聚类气团主要来源于内蒙古自治区和东北区域，从其轨迹图上可以发现，多数轨迹在到达秦皇岛海域之前在渤海区域有明显迂回，受海洋的影响，该组气团部分污染物会被稀释或清除，因此氮、磷各组分浓度均较低。

表 4-7　不同聚类气团各形态氮磷组分的浓度

气团类别	氮组分								磷组分				
	TTN	PTN	DTN	DON	DIN	NH_4^+-N	NO_3^--N	NO_2^--N	TTP	PTP	DTP	DOP	DIP
NE（n=32）	752.2	59.0	693.2	129.9	563.3	307.2	255.7	0.41	4.56	2.83	1.73	0.83	0.90
NW（n=31）	1 115.5	96.5	1 019.1	169.8	849.3	478.9	369.5	0.94	7.80	4.84	2.96	1.31	1.70
S（n=29）	1 115.8	85.1	1 030.7	185.5	845.2	457.1	387.6	0.47	5.52	3.58	1.94	0.75	1.18
N（n=11）	973.6	92.6	881.0	146.0	734.9	396.6	337.7	0.58	7.07	4.62	2.45	0.82	1.63

4.5.2 潜在源区贡献度分析

在 WCWT 分析的基础上，依据后向轨迹区域内 2 600 个网格的 WCWT 值，定量说明不同区域对秦皇岛近海大气中氮、磷的污染贡献度，统计结果见表 4-8。结果表明，秦皇岛近海大气中氮磷组分贡献最大的潜在源区位于京津冀地区、蒙古国、内蒙古自治区，3 个区域累计对秦皇岛大气中氮、磷污染的贡献度分别为 68.3%和 70.1%，其余在局部出现小范围的贡献度高值区。

表 4-8 不同区域对秦皇岛近海大气中氮磷组分的贡献度 单位：%

区域	对氮组分的贡献度	对磷组分的贡献度
京津冀地区	23.2	20.6
蒙古国	20.2	21.6
内蒙古自治区	24.9	27.9
山东—江苏地区	10.7	8.8
东北三省	7.1	8.2
俄罗斯	4.2	5.9
其他区域	9.7	7.1

来自不同区域的污染贡献度不仅与区域空气污染物的含量有关，而且与区域的面积、污染物的传播路径（包括到达目标区域的传输距离）等因素有关。这里，定义潜在源区域贡献因子（F_{PSAC}），来探讨此问题。

$$F_{PSAC} = f \cdot C \cdot A \quad (4\text{-}2)$$

式中，F_{PSAC}——潜在源区域贡献因子，10^7g/m；

C——大气中污染组分的浓度，μg/m^3（这里以 PM_{10} 浓度为例）；

A——潜在污染源区的面积，10^4 km^2（这里以 PM_{10} 浓度为例）；

f——污染物传输权重系数（含潜在污染源区到目标区域的距离）。

这里，将贡献度最大的 3 个区域即京津冀地区、蒙古国、内蒙古自治区与山东—江苏地区的情况进行对比。从中国天气后报网（http://www.tianqihoubao.com）获取了 2015 年 8 月—2016 年 8 月的 PM_{10} 浓度数据。北京、天津、石家庄和秦皇岛的平均值代表京津冀地区的情况，以阿拉善、呼和浩特、锡林郭勒和呼伦贝尔的平均值代表内蒙古自治区的情况，以济南、青岛、连云港和盐城 4 个城市的平均值代表山东—江苏地区的情况。然而蒙古国的空气质量数据监测点较少，仅从 EANET（https：//www.eanet.asia）的网上获取了乌兰巴托的空气质量数据。乌兰巴托是蒙古国的政治、金融和经济中心，显然，用一个国家的中心城市代表整个国家并不是十分准确。这里，考虑到内蒙古自治区与蒙古国之间的相似性，将乌兰巴托与呼和浩特的 PM_{10} 浓度的比值作为参考系数，然后用该系数乘以内蒙古自治区 4 个城市的平均值，同化得到了蒙古国的代表性数据。

京津冀地区、蒙古国、内蒙古自治区和山东—江苏地区的污染物传输权重系数 f 分别为 1.0、0.2、0.3 和 0.3。确定权重系数的依据如下：京津冀地区对于秦皇岛近海来讲，因为距离最近，等同于属地化的污染源地区，系数为 1.0；根据气团后向轨迹的比例，从山东—江苏和内蒙古自治区到达目标区域的气团轨迹比例约为 30%，因此系数为 0.3；蒙古国到目标区域的距离比内蒙古自治区稍长，因此系数定为 0.2。

按照上述定义和参数确定方法，以 PM_{10} 为参考污染物计算了 4 个区域的潜在源区域贡献因子 $F_{PSAC\text{-}PM_{10}}$（10^7 g/m），计算结果见表 4-9。

表 4-9 来自京津冀地区、蒙古国、内蒙古自治区污染贡献度与山东—江苏地区对比

项目	京津冀地区	蒙古国	内蒙古自治区	山东—江苏地区
对氮组分的贡献度/%	23.2	20.2	24.9	10.7
对磷组分的贡献度/%	20.6	21.6	27.9	8.8
PM_{10}/（μg/m^3）	100.3	62.6	67.6	102.0
A/10^4 km^2	21.6	156.6	118.3	25.6
f	1.0	0.2	0.3	0.3
$F_{PSAC\text{-}PM_{10}}$/（10^7 g/m）	2 165.5	1 960.8	2 398.5	784.7

从表 4-9 中可以看出，PM_{10} 浓度相对高（102 μg/m^3）的山东—江苏地区的区域贡献低于浓度相对低（62.6 μg/m^3 和 67.6 μg/m^3）的蒙古国和内蒙古自治区的区域贡献。可见，4 个区域 PM_{10} 的浓度并不是决定氮磷组分污染贡献度的唯一因素。但是，区域贡献率与 $F_{PSAC\text{-}PM_{10}}$ 呈正相关，特别是对于氮组分，其 $r = 0.996\ 7$（图 4-11），与前述结论一致，与山东—江苏等区域相比，内蒙古自治区、京津冀地区和蒙古国对目标地区的贡献率更高。

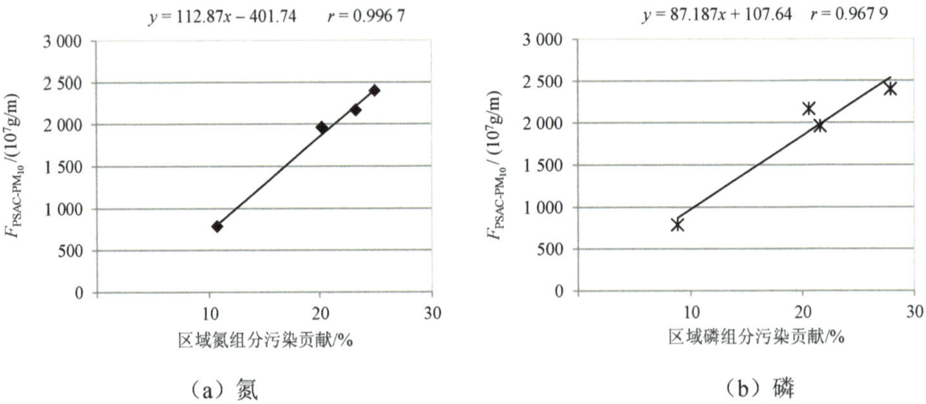

图 4-11　京津冀地区、蒙古国、内蒙古自治区和山东—江苏的区域污染贡献与 $F_{PSAC\text{-}PM_{10}}$ 的相关性

4.6　小结

本章讨论了秦皇岛近岸海域大气气溶胶中不同形态的氮磷组分的含量，分析了该区域大气气溶胶中氮磷组分的多形态组成、时空分布和粒径分布特征，探讨了沙尘和灰霾对氮磷浓度的影响，并定量识别了氮磷污染的潜在源区分布，得到以下结论：

（1）秦皇岛近海大气气溶胶中的氮多为水溶性组分（占比达 91.7%），而磷多为非水溶性组分（占比达 62.3%）。氮磷组分呈冬季浓度最高、夏季浓度最低的趋势，数十千米的中小尺度范围内空间差异不明显。灰霾天气过程主要增加了水溶性氮磷组分的含量，沙尘天气过程主要增加了非水溶性氮磷组分的含量，并可能会加剧秦皇岛近岸海域的磷限制。

（2）秦皇岛近岸海域大气颗粒物中的水溶性氮组分多分布于细粒径段，NH_4^+-N 在细粒子部分的比例达 92.5%以上，多数氮组分的主峰值出现在 0.32～1.0 μm 细粒径段。此外，大气颗粒物中的 NO_3^--N 在春季和夏季分别受氯亏损和沙尘天气的影响，NO_3^--N 在 3.2～5.6 μm 的粗粒子模态也出现峰值。磷组分在粗粒径段的比例较氮组分要高，其中 PTP 在粗粒子段的占比达 47%，春季 PO_4^{3-}-P 在粗粒子模态出现了峰值。

（3）潜在源区分析结果表明，对秦皇岛近海大气中氮磷组分贡献较大的潜在源区为京津冀地区、蒙古国、内蒙古自治区，3 个区域累计对秦皇岛大气氮、磷污染的贡献度分别为 68.3%和 70.1%，其余在局部出现小范围的贡献度高值区。

5 秦皇岛近海大气中多环芳烃的赋存特征及来源

PAHs 是环境中普遍存在的污染物，通常来源于化石燃料或有机物的不完全燃烧[211-213]。随着汽车和石油产品使用量的增加，近年来大气中 PAHs 的排放量也在增加[62,214,215]，成为二次气溶胶污染的主要贡献之一[212]。Ya 等[216]指出，PAHs 的大气输入对中国边缘海 PAHs 的分布起着重要作用。气固分配行为是大气中半挥发性有机化合物（SVOCs）的重要研究内容，而 K_p 是影响大气中 SVOCs 迁移的关键参数之一[217-219]。作为一类传统的有机污染物，当前已有诸多研究者对大气中 PAHs 气固分配系数影响因素开展了研究[220-223]。然而，多数研究仅针对某一环境参数开展，关于几种环境参数综合影响的研究相对较少[220,221,223]。大气中高浓度的 PAHs 多见于中国北方[224,225]，并且不同季节之间的温差变化，以及冬季采暖期燃煤的影响均导致大气中 PAHs 的浓度和气固分配的季节差异[111]。海洋是大气污染物重要的“汇”，研究中国北方沿海地区 PAHs 的气固分配对研究其环境归趋具有重要意义。然而，目前关于北半球中高纬度地区的典型沿海城市及其邻近海域 PAHs 的季节变化、气固分配和源-汇效应的报道很少。本章基于在秦皇岛近岸翡翠岛和海上 12 海里处收集的 100 个大气样品（含颗粒相和气相），研究大气中 PAHs 的浓度、季节性变化、气固分配和影响因素，分析 PAHs 大气近距离传输的源-汇效应，探讨秦皇岛近海大气 PAHs 的来源。

5.1 大气中 PAHs 的污染特征

本章依据近岸郊区岸基站翡翠岛采样点位获得的52个每周样本（2015年8月24日—2016年8月31日）和24个连续日样本（每个季节6个样本），同步通过船只在海上收集了24个连续样本（与沿海站点同步），合计100个样品探讨秦皇岛近海大气中PAHs的污染特征。

5.1.1 大气中 PAHs 的浓度水平

秦皇岛近海大气中 PAHs 的含量、与其他区域的对比和采样期间的相关环境参数如图 5-1、表 5-1、表 5-2 和表 5-3 所示。

表 5-1 不同国家（地区）大气中 PAHs 浓度比较

研究区域	样品采集时间	PAHs	浓度范围/（ng/m^3）	平均值/（ng/m^3）
智利[114,115]	2008 年 4 月—2009 年 4 月	Σ_{15} PAHs	4.0～74.0	21.6
	2007 年 1—3 月	Σ_{15} PAHs	30.0～230.0	103.3
印度[106]	2006 年 10—12 月	Σ_{15} PAHs	64.0～544.0	—
土耳其[227]	2009 年 7 月—2010 年 5 月	Σ_{14} PAHs	1.6～838.0	—
韩国蔚山[116]	2011 年 1—2 月	Σ_{13} PAHs	19.8～76.5	42.6
意大利托斯卡纳[232]	2008 年 4—7 月	Σ_9 PAHs	0.3～4.7	2.3
北京[230]	2008 年 9 月—2009 年 7 月	Σ_{16} PAHs	20～479	119
南京[229]	2005 年 7—10 月	Σ_{16} PAHs	80.25～372.76	182.45
宁波[210]	2009 年 7 月—2010 年 3 月	Σ_{16} PAHs	4.01～102	32.4

研究区域		样品采集时间	PAHs	浓度范围/（ng/m^3）	平均值/（ng/m^3）
广州[228]		2001 年 4 月—2002 年 3 月	Σ_{16} PAHs	49.6～584.7	312.9
美国[226]		1995 年 6—10 月	Σ_{14} PAHs	77.6～1 111.5	302.8
芝加哥[226]		1997 年 8—9 月	Σ_{14} PAHs	48.6～387.4	151.4
雅典[233]		2000 年 7 月	Σ_{20} PAHs	3.5～26.0	17.2
北黄海沿岸[107]	老虎滩	2010 年 1—12 月	Σ_{15} PAHs	—	102
	小麦岛	2010 年 1—12 月	Σ_{15} PAHs	—	27
	獐子岛	2010 年 1—12 月	Σ_{15} PAHs	—	23
辽东湾[109]		2016 年 5—8 月	Σ_{16}PAHs	气：28.8，固：24.0	52.8
青岛市近岸[117]		2007 年 5 月	Σ_{14} PAHs	—	74.5
珠江口及南海近海[105]		2003 年 1 月	Σ_{16} PAHs	49.6～256	120.7
舟山青浜岛[118]		2013 年 7 月	Σ_{16} PAHs	5.09～5.41	5.35
大西洋[110]		2005 年 10 月	Σ_{10} PAHs	0.23～2.56	—
地中海[108]		2006 年 6 月—2007 年 5 月	Σ_{30} PAHs	气：13～86，固：0.5～3	—
黑海[108]		2006 年 6 月—2007 年 5 月	Σ_{30} PAHs	气：22～40，固：0.8～2.6	—
地中海东部[119]		2001 年 7 月	Σ_{24} PAHs	20～83.2	—
唐山[225]		2000—2001 年	Σ_{13} PAHs	26.5～672.4	244.38
青藏高原[231]		2012—2014 年	Σ_{15} PAHs	—	2.8
腾冲背景点[234]		2005 年 10 月—2006 年 10 月	Σ_{15} PAHs	40.9～155.0	85.8
北太平洋至北冰洋[111]		2012 年 7—9 月	Σ_{9} PAHs	0.025～0.086	—
秦皇岛近岸（本书）		2015—2016 年	Σ_{16} PAHs	24.3～275.8	95.3

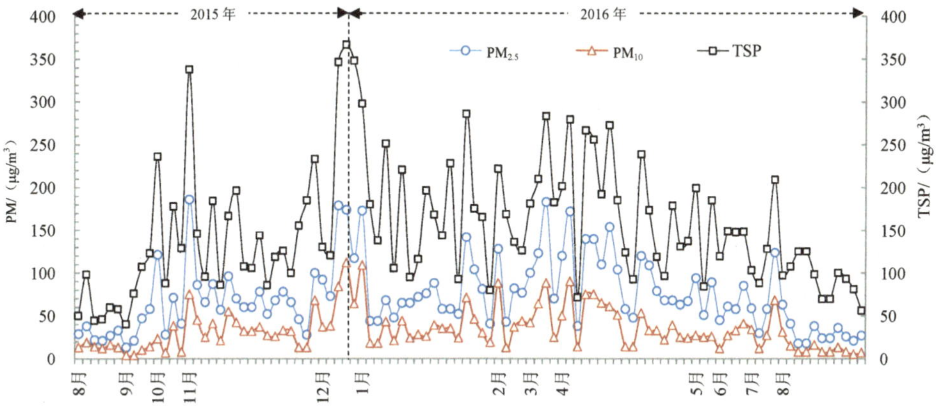

（a）$PM_{2.5}$、PM_{10} 和 TSP 浓度

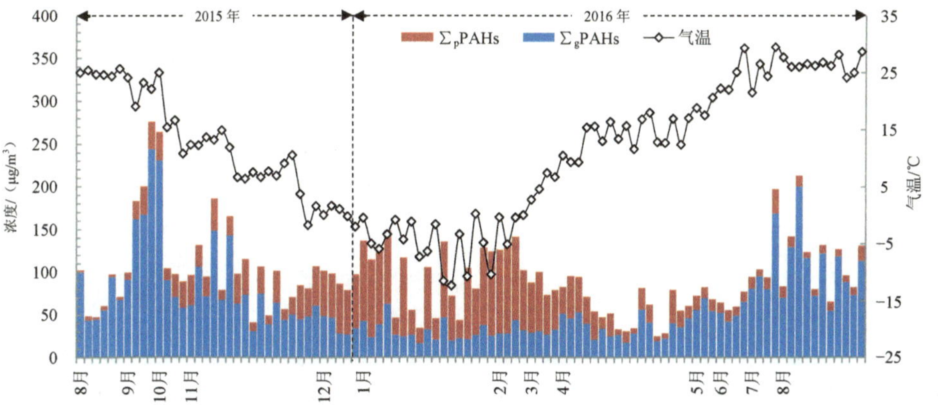

（b）大气样品中气相（Σ_gPAHs）、颗粒相中 PAHs 浓度（Σ_pPAHs）和采样日气温

图 5-1　秦皇岛近海大气中 PAHs 的含量和有关环境参数

研究区域大气中16种优先控制的PAHs总浓度（Σ_{g+p}PAHs）在24.3～275.8 ng/m^3，平均值为95.3 ng/m^3。整体来看，气相中PAHs的浓度在16.4～244.5 ng/m^3，平均值为62.6 ng/m^3；颗粒相中PAHs的浓度在2.2～101.2 ng/m^3，平均值为32.7 ng/m^3。秦皇岛近海大气中16种PAHs的含量与同纬度的辽东湾地区[109]和大连老虎滩[107]相当，明显低于国外工业发达的美国[226]、人口密集的印度[106]、土耳其[227]、国内的南方城市广州[228]、南京[229]和附近的唐山市[225]，略低于智

利[114,115]、北京[230]、珠江口[105]，但明显高于偏远地区如青藏高原[231]、意大利托斯卡纳[232]、韩国[116]，以及部分开阔海域[108,110,119]和极地地区[111]。总体而言，秦皇岛地区大气中PAHs的含量整体处于中等偏高的水平。

5.1.2 大气中 PAHs 的季节分布

从岸基站每周一次采样获取的研究结果来看（表 5-2），翡翠岛大气中 PAHs 总量（Σ_{g+p}PAHs）存在明显的季节变化，秋季大气中 PAHs 的总含量最高为 136.8 ng/m^3，其次是冬季，为 114.1 ng/m^3，夏季和春季 PAHs 总含量较低，分别为 107.3 ng/m^3 和 80.6 ng/m^3。从不同相态 PAHs 含量的季节变化来看，翡翠岛大气 Σ_gPAHs 在夏季和秋季含量相对较高，而 Σ_pPAHs 含量较低。相反，冬季和春季 Σ_pPAHs 含量相对较高，Σ_gPAHs 含量较低。对比岸基站和海上站连续采集的样品统计结果（图 5-2 和表 5-3），同样夏秋季节 Σ_gPAHs 含量相对较高，Σ_pPAHs 含量较低，而冬春季节 Σ_pPAHs 含量相对较高，Σ_gPAHs 含量较低。

表 5-2 岸基站每周一次采样获得的不同季节大气 PAHs 浓度及有关环境参数

季节	样品数量（n）	气温/℃	$PM_{2.5}$/（μg/m^3）	PM_{10}/（μg/m^3）	TSP/（μg/m^3）	每周一次采样 PAHs 浓度/（ng/m^3）	
						Σ_gPAHs	Σ_pPAHs
春	12	11.7±6.0	45.8±27.0	103.9±45.5	190.3±68.3	44.9±13.4	35.7±19.1
夏	13	25.5±2.6	24.7±17.6	52.8±29.1	121.3±37.1	94.9±47.8	12.4±5.2
秋	13	13.3±10.0	24.5±24.0	63.8±48.1	160.6±80.0	107.3±69.8	29.5±10.3
冬	14	−2.7±4.0	52.0±33.5	97.3±49.3	202.5±96.9	35.4±9.0	78.7±19.7

从图 5-1～图 5-3 中可以看出，无论是岸基站每周一次的采样结果，还是岸基站和海上站的连续采样结果，秦皇岛近海 Σ_gPAHs 和 Σ_pPAHs 都呈现类似的季节变化趋势。此外，夏季和秋季 PAHs 主要存在于气相中，比例达 53.3%～94.8%，平均值为 81.3%。而在冬季，颗粒相中的浓度占主导地位，比例达 52.0%～79.6%，平均值为 69.2%。这种季节变化规律与中国北方的多数研究报道类似，主要与我

国北方燃煤、燃油等排放源强度的季节变化、北方地区一年之内的大气扩散条件和气象因子的变化等多种因素相关。

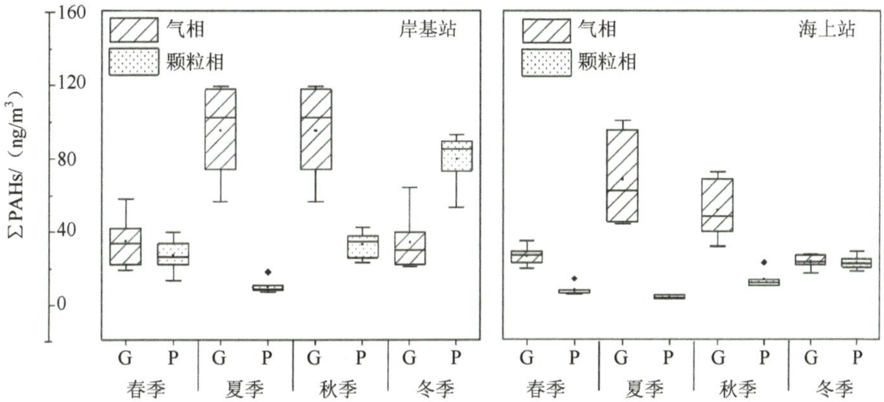

图 5-2　岸基站和海上站连续收集的样品中气相（Σ_gPAHs）、颗粒相中 PAHs 浓度（Σ_pPAHs）

表 5-3　集中连续采样期间岸基站和海上站收集的样品中 PAHs 浓度及有关环境参数

地点	季节	样品数量（n）	气温/℃	$PM_{2.5}$/（μg/m^3）	PM_{10}/（μg/m^3）	TSP/（μg/m^3）	连续采样 PAHs 浓度/（ng/m^3）	
							Σ_gPAHs	Σ_pPAHs
岸基站	春	6	16.6±0.9	45.8±21.7	108.2±38.4	207.4±57.5	33.7±14.8	26.0±9.2
	夏	6	26.7±1.6	10.0±3.6	28.2±7.5	90.6±24.5	94.3±26.4	9.2±4.0
	秋	6	9.6±3.1	39.3±10.2	79.2±13.3	144.7±28.7	102.0±36.8	32.1±7.4
	冬	6	−7.2±2.7	39.5±18.4	75.5±34.3	220.1±50.3	33.4±16.2	78.8±14.7
海上站	春	6	12.7±0.6	35.0±19.3	78.7±24.2	136.2±43.2	26.1±5.1	7.0±3.2
	夏	6	25.0±0.5	14.5±2.6	28.3±6.5	59.6±20.0	67.7±24.6	3.3±1.1
	秋	6	10.6±3.1	28.3±4.8	63.2±9.0	100.1±15.0	50.8±16.2	12.9±4.8
	冬	6	−2.3±2.7	30.3±9.9	71.5±21.5	125.6±36.9	22.6±3.8	22.0±3.9

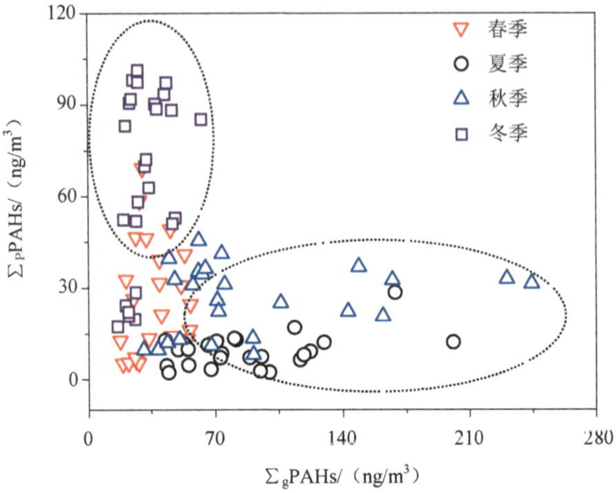

图 5-3 4 个季节气相中 PAHs 含量与颗粒相中 PAHs 含量的关系

另外，颗粒相中 PAHs 的含量 Σ_pPAHs 在春季和秋季的差异不明显（35.7 ng/m^3 和 29.5 ng/m^3），但气相中的含量 Σ_gPAHs 却差异明显，平均值分别为 44.9 ng/m^3 和 107.3 ng/m^3，这可能是由汽车的燃油消耗所致。夏季至秋季为该地区属于旅游业的旺季，滨海旅游区汽车尾气的大量排放可以持续到 10 月初，汽油、柴油燃烧也是大气中 PAHs 的来源。此外，该地区 9—10 月气温较高，湿度较大，更易于 PAHs 存在于气相中；而春季 3—5 月非旅游旺季，一方面没有汽车尾气大量聚集排放的条件，另一方面因气温较低不利于 PAHs 在气相上的分配，导致出现了上述明显差异。

5.1.3 大气中 PAHs 不同单体的污染特征

秦皇岛近海大气中不同单体的浓度见表 5-4，不同环数 PAHs 的三角形分布如图 5-4 所示。在气相中，2 环和 3 环 PAHs 占主导地位，比例为 48%～95%，5 环和 6 环 PAHs 占比很少。整体来看，气相中各种环数 PAHs 占比的季节性变化并不明显。颗粒相中的 PAHs 主要为中分子量和高分子量 PAHs，其中 4 环的比例为 25%～78%，5 环和 6 环的比例为 10%～61%。与气相不同的是，颗粒相中 PAHs 的季节变化较为明显，特别是对于 5 环和 6 环的 PAHs，冬季比例偏低，为 10%～

28%，夏季比例偏高，为 22%～61%。但是，2 环和 3 环 PAHs 并没有明显的季节变化，4 个季节总的变化为 5%～26%。值得注意的是，春季颗粒相中 PAHs 的变化范围大于其他季节，可能是由于春季存在较大的温差，相对较低的空气湿度和多发的沙尘天气（浮沉甚至沙尘暴）等。所有这些因素容易导致局地地表扬尘或远距离传输浮尘进入该区域，在这些复杂的环境因素的综合作用下，导致了春季 PAHs 不同单体分布的多样性。该结果与中国北方其他地区，如北京和天津的报道结果一致[235]。

表 5-4　秦皇岛近海大气中 16 种 PAHs 的浓度　　单位：ng/m^3

PAH 单体	气相	颗粒相	气相+颗粒相
萘（Nap）	6.55±3.62	0.29±0.15	6.84±3.66
苊（Ace）	2.95±1.86	0.16±0.17	3.11±1.93
二氢苊（Acy）	1.44±1.31	0.05±0.04	1.50±1.31
芴（Fl）	7.93±5.18	0.37±0.37	8.31±5.15
菲（Phe）	26.63±22.14	4.33±4.49	30.97±21.41
蒽（An）	2.37±1.58	0.53±0.62	2.91±1.51
荧蒽（Flu）	7.86±8.73	5.67±5.42	13.54±8.89
芘（Pyr）	4.57±4.89	5.85±5.76	10.42±6.55
苯并[*a*]蒽（BaA）	0.33±0.54	2.40±2.27	2.74±2.23
䓛（Chr）	1.05±1.46	4.59±3.89	5.65±3.90
苯并[*b*]荧蒽（BbF）	0.35±0.39	1.93±1.58	2.28±1.51
苯并[*k*]荧蒽（BkF）	0.19±0.21	1.80±1.57	1.99±1.51
苯并[*a*]芘（BaP）	0.05±0.04	1.61±1.51	1.66±1.49
茚并[1,2,3-*cd*]芘（InP）	0.04±0.04	1.31±1.23	1.35±1.22
二苯并[*a,h*]蒽（DbA）	0.01±0.01	0.24±0.21	0.25±0.21
苯并[*g,h,i*]苝（BghiP）	0.06±0.05	1.03±0.82	1.10±0.81
ΣPAHs	62.46±45.37	32.22±27.79	94.68±46.43

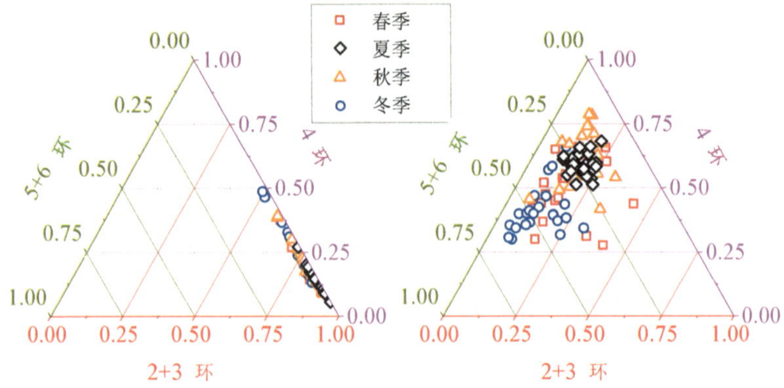

图 5-4　气相和颗粒相中不同环 PAHs 的三角分布（左-气相，右-颗粒相）

5.2　PAHs 气固分配及影响因素分析

5.2.1　气固分配特征

半挥发性有机物的气固分配是控制其在大气中归趋的重要因素[217,222]。通常以气体-颗粒分配系数（K_P）来量化表达，计算公式如下：

$$K_P = C_P/TSP/C_g \tag{5-1}$$

式中，K_P——气固分配系数，$m^3/\mu g$；

TSP——大气总悬浮颗粒物浓度，$\mu g/m^3$；

C_P——颗粒相中的各类 PAHs 浓度，ng/m^3；

C_g——气相中的各类 PAHs 浓度，ng/m^3。

秦皇岛近海不同季节大气中 PAHs $\lg K_P$ 值见表 5-5。各类 PAHs 的 $\lg K_P$ 值变化在−4.34～0.06，从 K_P 的定义来看，较小的 $\lg K_P$ 意味着其不易于吸附在颗粒物上。对于特定的 PAH 单体，颗粒物对其吸附能力差异明显（图 5-5），简言之，对于低分子量的挥发性较高的 PAHs 类物质，颗粒物对其具有相对较弱的吸附能力，而对于高分子量的挥发性较低的 PAHs 类物质，颗粒物对其则具有较强的吸附能力。本书中，2 环和 3 环 PAHs 的 lgK_P 为−4.34～−3.05，平均值为−3.58，而 5 环和 6 环 PAHs 的 lgK_P 为−1.76～0.06，平均值为−0.90，这与其他 POPs 类物质如多溴联苯醚[236]和多氯联苯[30]具有相似的结果。

表 5-5 秦皇岛近海大气中各类 PAHs lgK_P 的平均值

PAH 单体	岸基站				海上站			
	春（n=18）	夏（n=19）	秋（n=19）	冬（n=20）	春（n=6）	夏（n=6）	秋（n=6）	冬（n=6）
Nap	−3.45	−3.57	−3.52	−3.47	−3.67	−3.63	−3.24	−3.24
Ace	−3.41	−3.92	−3.51	−3.23	−4.34	−4.12	−3.85	−3.13
Acy	−3.29	−3.98	−3.82	−3.20	−3.62	−3.72	−3.70	−3.36
Fl	−3.50	−4.14	−3.63	−3.13	−3.93	−3.99	−3.35	−3.05
Phe	−2.87	−3.77	−3.27	−2.32	−3.50	−3.49	−3.23	−2.64
Ant	−2.86	−3.81	−3.13	−2.21	−3.72	−3.79	−3.17	−2.58
Flu	−2.25	−3.09	−2.44	−1.57	−2.60	−3.23	−2.35	−1.81
Pyr	−1.99	−2.82	−2.27	−1.33	−2.37	−2.89	−1.95	−1.54
BaA	−1.39	−1.75	−1.32	−0.21	−1.77	−1.91	−0.97	−0.84
Chr	−1.75	−2.01	−1.43	−0.24	−1.67	−2.13	−0.82	−0.77
BbF	−1.42	−1.76	−1.69	−0.40	−1.36	−1.71	−1.05	−0.95
BkF	−1.06	−1.59	−1.40	−0.26	−0.72	−1.73	−0.95	−0.96
BaP	−0.83	−1.10	−0.94	0.06	−1.04	−1.37	−0.65	−0.23
InP	−0.68	−0.84	−1.10	−0.23	−0.58	−0.86	−0.59	−0.86
DbA	−0.63	−0.75	−1.07	−0.18	−0.58	−0.66	−0.64	−0.53
BghiP	−0.82	−1.16	−1.30	−0.42	−0.67	−0.91	−1.13	−0.91

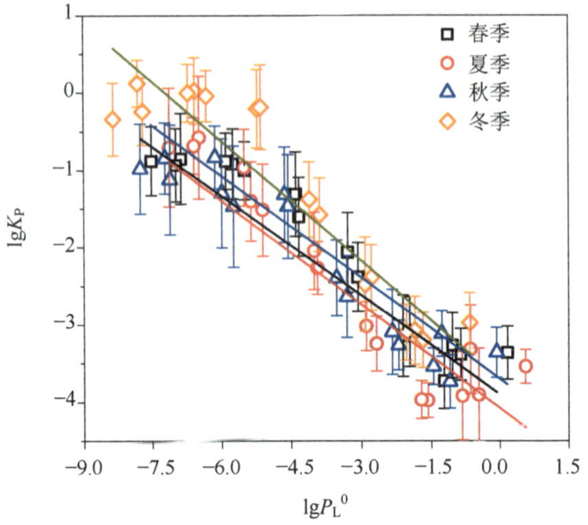

图 5-5　不同季节 PAHs $\lg K_p$ 与 $\lg P_L{}^0$ 的线性相关性

依据 Wongphatarakul 等[237]的方法，引入差异系数（CD）法，在两个采样地点和不同季节之间针对 $\lg K_P$ 进行了差异分析。CD 值的计算方法如下：

$$CD_{ab}=\sqrt{\frac{1}{p}\sum_{i=1}^{p}\left(\frac{X_{ia}-X_{ib}}{X_{ia}+X_{ib}}\right)^2} \tag{5-2}$$

式中，X_{ia}——a 点位（季节）测得的第 i 个化学成分的平均浓度/相对丰度；

a、b——两个采样点位（季节）；

p——化学成分的数量；

CD——差异系数，若 $CD\leqslant0.20$，则表示两个点位（季节）之间无显著差异。

如图5-6所示，所有季节陆地和海洋站点之间的$\lg K_P$均没有明显的差异（CD≤0.20），但是不同季节之间的$\lg K_P$存在一定的差异，冬季与夏季、春季、秋季之间的$\lg K_P$差异均较为明显，CD值分别为0.50、0.45和0.48，而春季、夏季、秋季三者之间的差异并不显著。该结果表明，冬季采暖期对PAHs的气固分配行为具有重要影响。根据Li等[238,239]的理论假设，冬季供暖期间，整个城市可被视为PAHs释放的点源，此时，稳定状态比平衡状态更适合描述大气污染物在气相和颗粒相之间的分配。这对于PAHs来说，特别是对于煤燃烧的特征指示物（如Phe、Ant、BaA、Chr）[240]来说，各类PAHs的分配可能处于非平衡状态，但却是一个相对稳定状态。本书此处关于不同季节之间$\lg K_P$的CD分析结果也验证了这一点，即冬季和其他季节之间的$\lg K_P$存在显著差异，这些差异特征可能主要集中在燃煤取暖等特征单体上［图5-6（b）］。

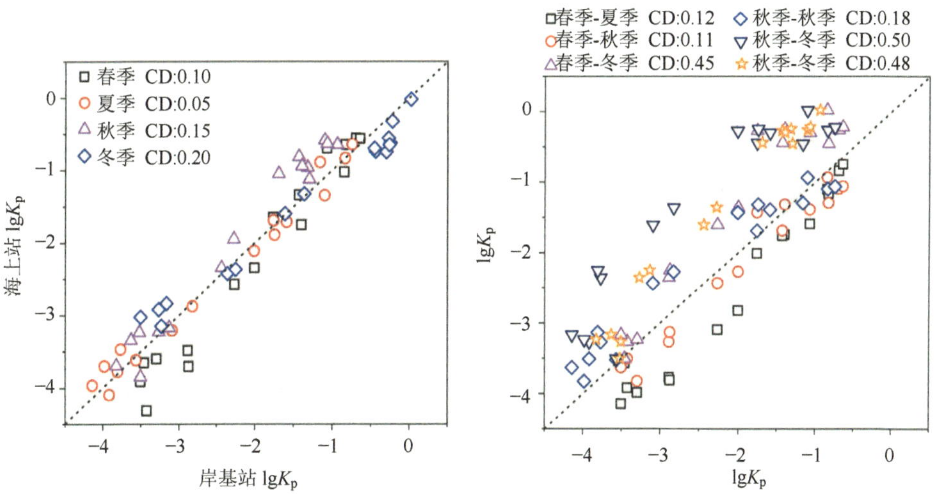

（a）不同季节海上站点和陆地站点之间$\lg K_P$差异的CD分析

（b）不同季节之间$\lg K_P$差异的CD分析

图 5-6 两个站点和不同季节之间的 $\lg K_P$ 进行 CD 分析

5.2.2 温湿度对气固分配的影响

如前所述，许多环境因子会影响大气中 PAHs 的气固分配，包括气温（T 以开尔文“K”为单位）、风向、风速、相对湿度和颗粒物的粒径等。大量研究结果表明，气温是影响 PAHs 在两相中分布的关键因素[221]。如图 5-7 所示，无论是岸基站还是海上站，大气中气相 PAHs 的总浓度 Σ_gPAHs 均随着温度的降低指数降低（$r^2 = 0.556\,8$，$p < 0.001$），而颗粒相 PAHs 的总浓度 Σ_pPAHs 则随温度的降低

而线性升高（r^2=0.8831，p<0.001）。图 5-8 也给出了空气相对湿度和 ΣPAHs 之间的关系，结果显示，随着湿度的增大，气态 PAHs 的含量增大，而湿度的增大容易加速吸附有 PAHs 的大气颗粒物在传输过程中的重力沉降，从而导致海上站点颗粒相中 PAHsΣ_pPAHs 的含量降低[241]。

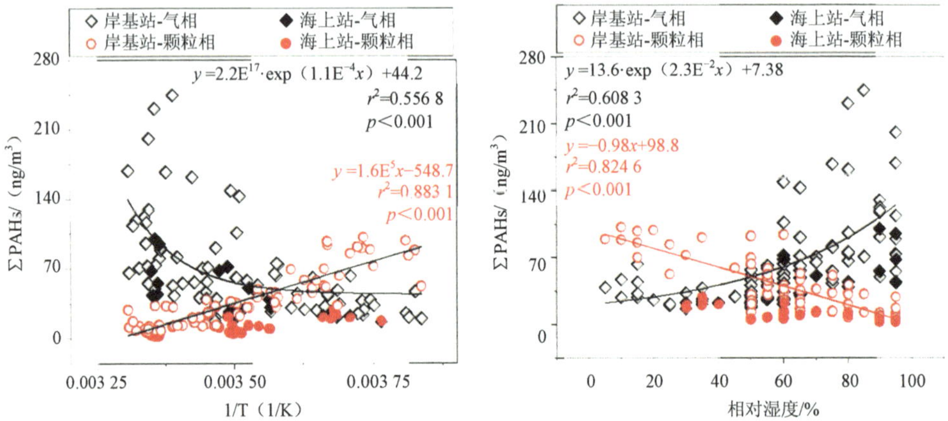

图 5-7　岸基站和海上站气相和颗粒相中 PAHs 浓度与 1/K、相对湿度的关系

5.2.3　K_P的综合影响因素分析

前文分析了温度和湿度对大气 PAHs 气固分配的影响，然而气固分配过程复杂，影响因素也是多种。首先，根据 K_P 的定义，可以直观地判断出气相和颗粒相中 PAHs 的浓度和 TSP 的浓度是气固分配系数的主要影响因素，但是其他环境参数也可以影响 PAHs 在气相和颗粒相上的浓度以及 TSP 的浓度，从而进一步影响 K_P 值。为了进一步分析环境因素对 PAHs 气固分配系数的影响，本书采用对应分析法对环境参数（包括 $PM_{2.5}$、PM_{10}、TSP、相对湿度和 V_d 等）以及 $\lg K_P$进行降维分析[242]。

如图 5-8 所示，对应分析的 x 轴和 y 轴上的两个主要因素分别解释了原始变量的 44.9%和 17.6%。二维聚类特征可以有效地区分环境因素对 K_P 的影响。值得注意的是，与正常要求的 80%相比，该分析中 62.5%的累积方差贡献相对较低，说明其他影响因素，如 PAHs 的理化性质等，也会对 PAHs 气固分配产生明显的影响。

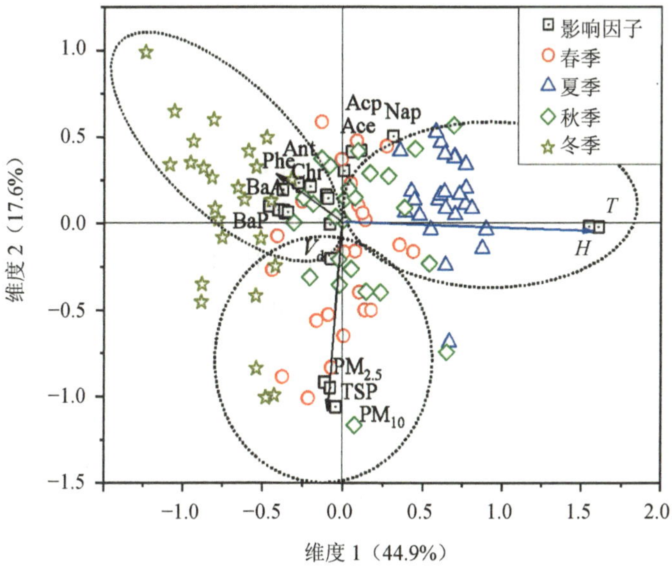

图 5-8　不同 PAH 单体的 $\lg K_P$ 与环境参数之间的对应关系分析得出的二维散点图

比较变量的象限特征（图 5-8）可以发现，夏季和部分秋季样品的 $\lg K_P$ 同温度（T）和湿度（H）之间呈显著的相关性，表明夏、秋季节的温度和湿度对 PAHs 的气固分配影响较大。此外，具有 2 个和 3 个环的 PAH 单体也与温度和湿度呈正相关（象限 I，春季和夏季的样品），表明随着温度和湿度的增加，高挥发性的 PAH 单体更易于存在气相中。大多数冬季样品的 $\lg K_P$ 与高分子量 PAHs 呈强正相关（象限 II），但与颗粒物质量浓度以及温度和湿度呈负相关。$\lg K_P$ 与温度和湿度呈负相关的解释可能是，随着温度和湿度的降低，高分子量的 PAHs 更有可能附着在颗粒相上。$\lg K_P$ 与颗粒物质量（$PM_{2.5}$、PM_{10} 和 TSP）呈负相关则是由于 K_P 与 TSP 之间存在的倒数关系。从风速的影响来看，不同季节的风速对 K_P 的贡献并不显著，主要原因是风速的增加有利于 PAHs 在气相和颗粒相中的扩散，然而，风速（V_d）与 $PM_{2.5}$、PM_{10} 和 TSP（象限III）表现出一定的正相关，主要是采集期间风速的增加易导致空气中颗粒物浓度的增加。

5.3 PAHs 的空间差异和传输消减

5.3.1 PAHs 的空间差异

岸基站和海上站同步连续采集样品的结果如图 5-2 和表 5-3 所示。将两个站点的样品进行配对样本 T 检验，结果表明，秦皇岛近岸大气中的 PAHs 在两个站点之间存在明显的差异（$p < 0.05$），显示了 PAHs 在 12 海里之内的消减效应，岸基站的 Σ_gPAHs 和 Σ_pPAHs 高于海上站的 Σ_gPAHs 和 Σ_pPAHs（图 5-2），然而不同相上 PAHs 差异性的明显程度不同。从整体上看，颗粒相上 PAHs 在两站点的差异普遍较气相明显，各季节颗粒相中 Σ_pPAHs 在海上站的浓度均不及岸基站的 1/3，而多数季节气相上 Σ_gPAHs 在海上站的浓度为岸基站浓度的 50%～67%（秋季不足 50%）。例如，春季和冬季两个站点之间气相上的 Σ_gPAHs 差异不明显（春季岸基站和海上站 Σ_gPAHs 的浓度分别为 33.7 ng/m^3 和 26.1 ng/m^3，冬季岸基站和海上站 Σ_gPAHs 的浓度分别为 33.4 ng/m^3 和 22.6 ng/m^3），但春季和冬季岸基站和海上站颗粒相上的 Σ_pPAHs 差异较为明显（春季岸基站和海上站 Σ_pPAHs 的浓度分别为 26.0 ng/m^3 和 7.0 ng/m^3，冬季岸基站和海上站 Σ_pPAHs 的浓度分别为 78.8 ng/m^3 和 22.0 ng/m^3），表明颗粒相上的 PAHs 在从岸基到海上传输的过程中消减得更明显。产生这种现象的原因可能是颗粒相在从岸基到海上传输的过程中，不仅存在气固两相之间的分配，还因颗粒相自身的重力沉降作用不断沉降，尤其是在近海高湿度的环境下颗粒物粒子的潮湿增长效应以及风速的增加，进一步加速了这种沉降[241]。

5.3.2 风向导致的空间差异分析

因秦皇岛近岸海域所处位置为典型的海陆交界处，东部方向即为中国北方重污染工业区京津冀地区，西部邻近渤海湾，全年大部分时间受海陆风交替影响，因此风向对大气中 PAHs 浓度空间分布的影响不容忽视。风向与 PAHs（含气相和颗粒相）之间的相关分析结果显示了秦皇岛近岸大气中 PAHs 较为明显的陆源传输特征。如图 5-9 所示，秦皇岛的风向以海陆交替风为主，每年来自东部海域的风（海向风）占全年风向的 28%，来自西部陆地岸基的风（陆向风）占全年风向的 38%。结合不同风向下 ΣPAHs 浓度的分布可以看出，陆向风（从西向东）下的 ΣPAHs 含量普遍高于海向风（从东向西）下的 ΣPAHs 含量，这进一步表明秦皇岛近岸海域 PAHs 大气传输的陆源特征。值得注意的是，当风向为东北风时，颗粒相和气相中也出现了较高浓度的 ΣPAHs，可能的原因是采样点东北方向上约 60 km 处为秦皇岛主城区和秦皇岛港，城区居民的生产生活和码头的游艇、渔船燃油排放，均是大气中 PAHs 的重要来源[243]。

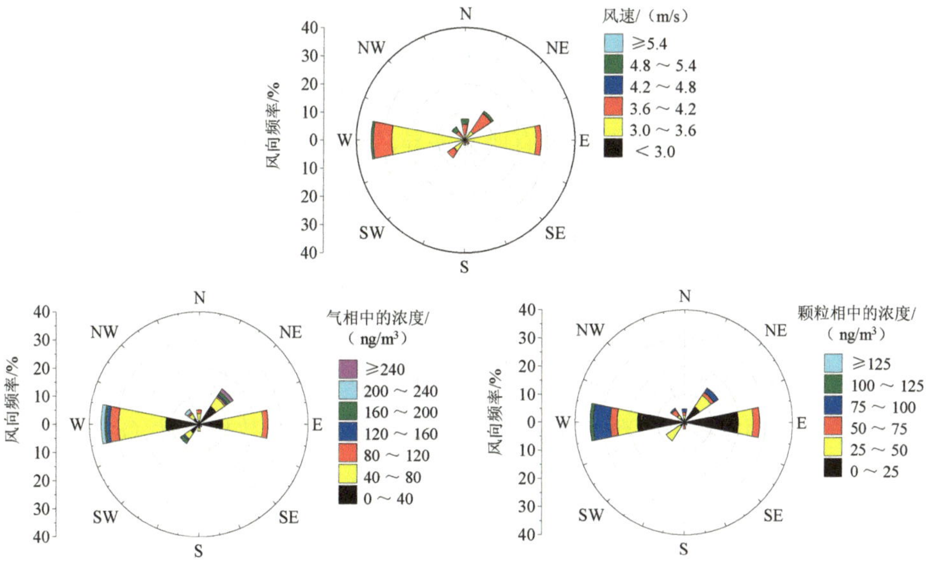

图 5-9　秦皇岛近岸风向玫瑰图及气相和颗粒相 PAHs 的浓度特征

5.3.3　传输消减分析

为进一步研究 12 海里的范围内 PAHs 的源-汇效应，引入消减因子 Z_i 的概念，Z_i 值根据 Tsapakis 等[222]提出的公式计算：

$$Z_i = (C_i/C_{RC})_{Source} / (C_i/C_{RC})_{Sink} \tag{5-3}$$

式中，C_i——PAH 单体 i 在颗粒相中和气相中的浓度总和，ng/m^3；

C_{RC}——参比化合物 RC 在颗粒相中和气相中的浓度总和，ng/m^3；

下标 Source——源的监测点（本书的岸基站）；

下标 Sink——汇的监测点（本书的海上站）。

根据式（5-3），如果 Z_i 大于 1，则该元素的消减率大于 RC 的消减率。本书中选 Phe 作为参比化合物，因为其在气相和颗粒相中普遍存在，并且 Phe 也是所分析的 16 种 PAHs 中含量最高的单体[244]。与其他化合物相比 Phe 的半衰期也更长（11.2 h），高于其他单体的半衰期（多数少于 9.1 h）[245]。

秦皇岛近海大气不同季节 PAHs 源-汇消减因子 Z_i 与颗粒相中的含量比例（Φ）的相关性如图 5-10 所示。从图中可以看出，所有 PAHs 单体中的消减率在春季、夏季和秋季这 3 个季节之间并没有明显差异，消减率在 0.24～1.52，平均值为 0.91≈1，这意味着其他 PAHs 单体的消减率均与 Phe 相似。然而，对于冬季，Z_i 的平均值为 1.81。其中，BaP 为消减因子最高的单体，Z_i 值为 3.80，这意味着 BaP 在冬季的消减速度是 Phe 的 3.80 倍。这个结果明显低于 Tsapakis 等[222]在地中海的研究结果。原因可能是两个采样点之间的距离不同，Tsapakis 等[222]的研究中源和汇之间站点的距离超过了 50 km。与 Tsapakis 等[222]的结果类似，冬季大气 PAHs 消减因子 Z_i 和颗粒相中分数（Φ）之间均呈现出较强的指数相关性（$r^2 = 0.953\,9$，图 5-10）。

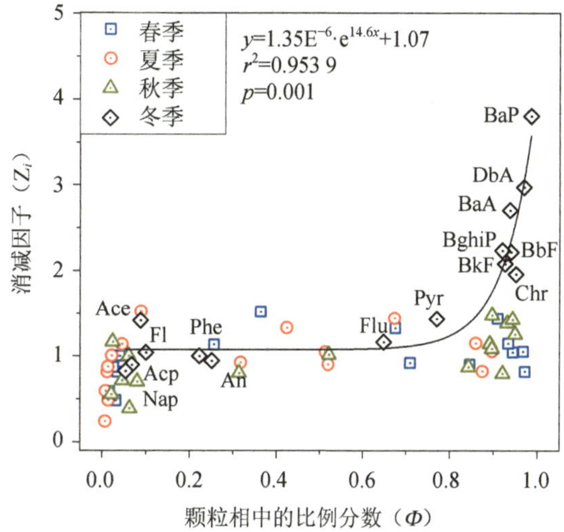

图 5-10 不同季节中消减因子（Z_i）与颗粒相中分数（Φ）的相关性

注：Φ依据海上站的数据进行计算。

上述关于冬季 PAHs 的消减率随颗粒相中的分数呈现指数增长的现象，可用 Σ_gPAHs/Σ_pPAHs 比值进行解释。从式（5-3）中可以看出，不同 PAH 单体的消减因子是由气相和颗粒相中 PAHs 的总浓度在两个站点之间的变化引起的。气相的扩散过程和颗粒相的沉降过程是引起大气中 PAHs 传输消减的两方面原因。通过比较 Σ_gPAHs/Σ_pPAHs 比值，可以确定哪个过程对 PAHs 去除率的贡献更大，在本书中，春季、夏季和秋季时，气相中的含量均高于颗粒相，但是在冬季，颗粒相中的浓度占比明显高于气相中的浓度占比。根据前期的研究结果[243]，颗粒物的重力沉降作用远大于气态的扩散作用，因此，在冬季，秦皇岛近岸由于颗粒物的占比较高，其重力沉降作用明显增强，进而导致冬季颗粒相 PAHs 的去除效应要大于气相中气体的扩散效应。此外，不同季节气相和颗粒相在两站点之间浓度的对比也能够体现这种差异（图 5-11）。除冬季外，其余季节气相中不同 PAH 单体岸基站和海上站的浓度比呈现随分子量的增加而增加趋势，表明春季、夏季、秋季气相中 PAH 单体的去除率与分子量呈明显正相关。对于颗粒相而言，除冬季岸基站和海上站的浓度比随着分子量的增加呈指数级增长外，其余季节都随着分子量的增加先增大后减小，表明冬季颗粒相中 PAHs 的去除率随分子量的增大而增加。由上述讨论可知，去除率的季节变化受气相中浓度比的线性变化和颗粒相中浓度比的指数增长效应的共同影响。

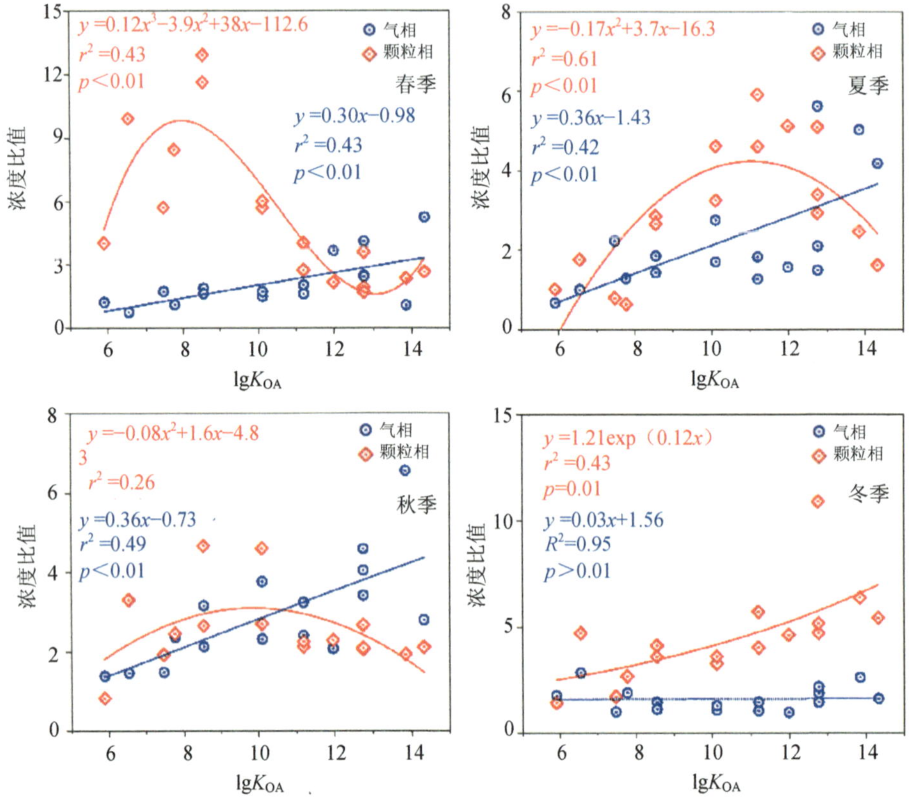

图 5-11　4 个季节不同 PAH 单体在岸基站和海上站的浓度比

5.4 大气中颗粒态 PAHs 的粒径分布

5.4.1 Σ_pPAHs 的粒径分布特征

大气 TSP 中 PAHs 的含量与不同粒径颗粒物质量浓度的相关性分析结果显示，岸基站和海上站 Σ_pPAHs 与 $PM_{2.5}$、PM_{10} 和 TSP 之间均呈显著正相关（$p<0.01$，图 5-12）。其中，$PM_{2.5}$ 与 Σ_pPAHs 线性回归的相关系数（$r = 0.411\ 2$，$p<0.01$）高于与 PM_{10} 线性回归的相关系数（$r = 0.353\ 2$，$p<0.01$），表明 PAHs 易于附着在更小粒径的细颗粒物上。

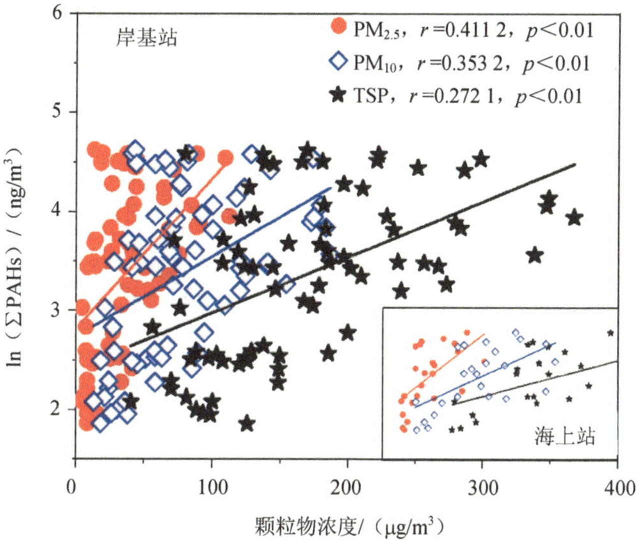

图 5-12 颗粒相 PAHs 浓度与不同粒径颗粒物浓度之间的关系

此外，对在海上站收集到的 4 套 MOUDI 分级样品进行了分析，因样品采样体积受限，在样品分析处理时将 MOUNDI 11 级分级样品归并为 7 级，分别为＞5.6 μm、3.2～5.6 μm、1.8～3.2 μm、1.0～1.8 μm、0.56～1.0 μm、0.32～0.56 μm 和＜0.32 μm，分级区间和不同季节 Σ_pPAHs 的粒径分布规律见图 5-13。从粒径分布图上可以看出，Σ_pPAHs 在 4 个粒径区间上的浓度差异明显，第一区间是<0.32 μm 的极细粒子，所有季节在极细粒子部分均是低值，这与绝大多数污染组分的规律一致；第二区间是 0.32～1.8 μm 的细粒子部分（图 5-13 的 0.32～0.56 μm、0.56～1.0 μm 和 1.0～1.8 μm 3 个粒径段），所有季节的 Σ_pPAHs 在该区间均出现了不同程度的峰值；第三区间是 1.8～3.2 μm 的粒径段，该区间在春季含量较低，在秋季、冬季和夏季含量适中；第四区间是 3.2 μm 以上（图 5-13 的 3.2～5.6 μm 和>5.6 μm）的粗粒子部分，该粗粒子区间仅夏季出现次峰值，分析其原因可能是夏季温度较高，有利于 PAHs 在粗粒子上的聚集。

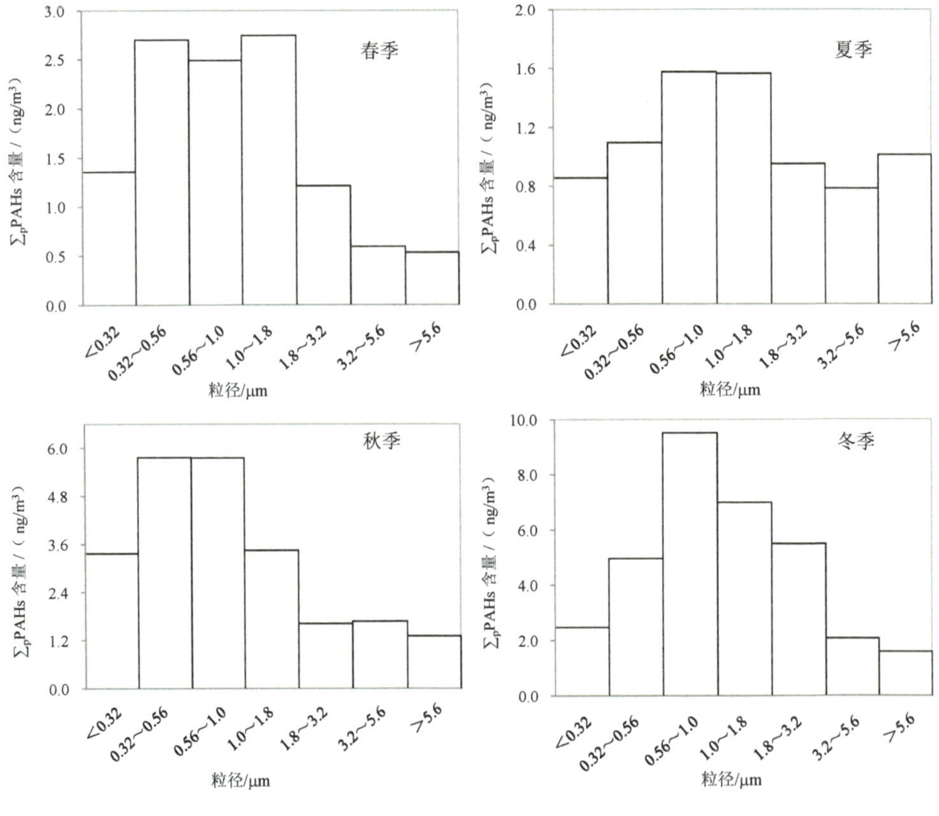

图 5-13　秦皇岛近海不同季节大气颗粒态 PAHs 的粒径分布特征

综上，对比不同粒径区间的PAHs浓度发现，春、夏、秋、冬4个季节Σ_pPAHs在0.32～1.8 μm的粒径区间比例分别为68.2%、54.0%、65.2%和64.7%，说明Σ_pPAHs更易聚集在0.32～1.8 μm的细粒子部分。

5.4.2 不同环数PAHs的粒径分布特征

除观察到PAHs易于附着在更小粒径的细颗粒物外，在对比TSP中不同环数PAHs与$PM_{2.5}$之间回归曲线的斜率时还发现，高环（5环和6环，r = 0.41，$p<0.01$）PAHs与$PM_{2.5}$之间回归曲线的斜率也高于中环（4环，$r=0.39$，$p<0.01$）PAHs和低环PAHs（2环和3环，$r=0.30$，$p<0.05$）。在不同环数的PAHs与PM_{10}之间也可发现类似的规律，高环与PM_{10}之间、中环与PM_{10}之间、低环与PM_{10}之间回归曲线的斜率分别为0.35、0.33和0.29。这进一步表明，高环数的PAH单体可能比低环数的PAHs更易于被吸附在小尺寸的细颗粒中，这与多溴联苯醚（PBDEs）有相似的特性[236]。

为进一步验证该假设，计算了不同环数PAHs在每个粒径段的分布比例，结果见表5-6。结果显示，4个季节高环（5+6环）PAHs分布于细粒子部分（<1.8 μm）的比例分别为86.8%、80.9%、89.9%和76.1%，该比例均高于相应季节中环（4环）和低环（2+3环）的占比，再次证明了高环数的PAH单体比低环数的PAH单体更易于被吸附在细颗粒物中。

表5-6 各季节不同环数PAHs在不同粒径段的含量比例

季节	粒径/μm	2+3环/%	4环/%	5+6环/%
春	<0.32	12.4	9.7	13.5
	0.32～0.56	15.0	25.0	25.4
	0.56～1.0	17.9	22.0	22.6
	1.0～1.8	14.3	26.3	25.3
	1.8～3.2	16.6	9.5	8.2
	3.2～5.6	12.3	4.0	2.7

季节	粒径/μm	2+3 环/%	4 环/%	5+6 环/%
春	>5.6	11.6	3.4	2.3
	Σ细粒子*	59.6	83.0	86.8
夏	<0.32	9.4	10.8	13.4
	0.32～0.56	13.5	12.0	16.3
	0.56～1.0	14.5	22.3	27.2
	1.0～1.8	14.7	25.3	23.9
	1.8～3.2	16.0	9.9	7.7
	3.2～5.6	13.2	9.4	5.5
	>5.6	18.7	10.2	5.9
	Σ细粒子*	52.1	70.4	80.9
秋	<0.32	13.4	7.9	7.7
	0.32～0.56	12.2	18.2	27.4
	0.56～1.0	12.7	17.6	19.9
	1.0～1.8	15.4	24.6	27.9
	1.8～3.2	12.0	9.7	4.7
	3.2～5.6	18.7	9.2	6.1
	>5.6	15.5	12.6	6.3
	Σ细粒子*	59.9	80.6	89.9
冬	<0.32	10.1	5.8	8.0
	0.32～0.56	9.7	14.8	16.3
	0.56～1.0	15.2	28.6	31.5
	1.0～1.8	16.2	23.9	20.3
	1.8～3.2	15.3	14.3	18.4

季节	粒径/μm	2+3 环/%	4 环/%	5+6 环/%
冬	3.2～5.6	17.3	7.3	3.3
	＞5.6	16.1	5.3	2.2
	Σ细粒子*	51.2	73.0	76.1

注：* Σ细粒子为＜0.32 μm、0.32～0.56 μm、0.56～1.0 μm、1.0～1.8 μm 粒径段的比例之和。

5.5 大气中 PAHs 的源解析

5.5.1 异构体比值法

异构体比值法常用来定性判断 PAHs 的来源类型，本部分参照文献[246]选用以下 4 种异构体比值，即 Flu/（Flu+Pyr）、Ant/（Phe+Ant）、InP/（InP+BgP）及 BaA/（BaA+Chr），按照表 5-7 的阈值对秦皇岛近海大气中 PAHs 的污染源类型进行解析。不同季节的解析结果如图 5-14 和图 5-15 所示。

表 5-7 异构体比值法判定阈值[246]

比值	燃烧源		石油源
	生物燃烧	石油燃烧	
Ant/（Phe+Ant）	＞0.1	＞0.1	＜0.1
Flu/（Flu+Pyr）	＞0.5	0.4～0.5	＜0.4
BaA/（BaA+Chr）	＞0.35	＞0.35	＜0.2
InP/（InP+BgP）	＞0.5	0.2～0.5	＜0.2

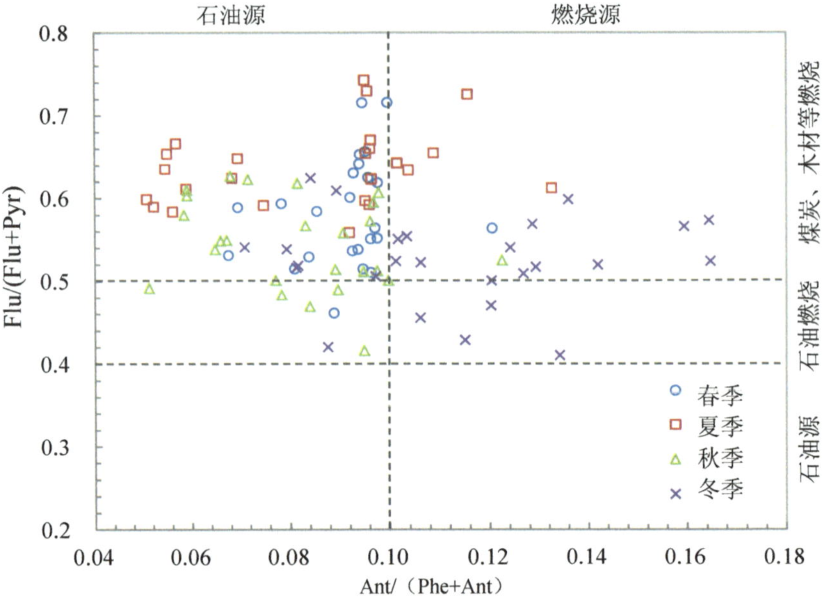

图 5-14　秦皇岛近海大气 Flu/（Flu+Pyr）、Ant/（Phe+Ant）异构体比值分析

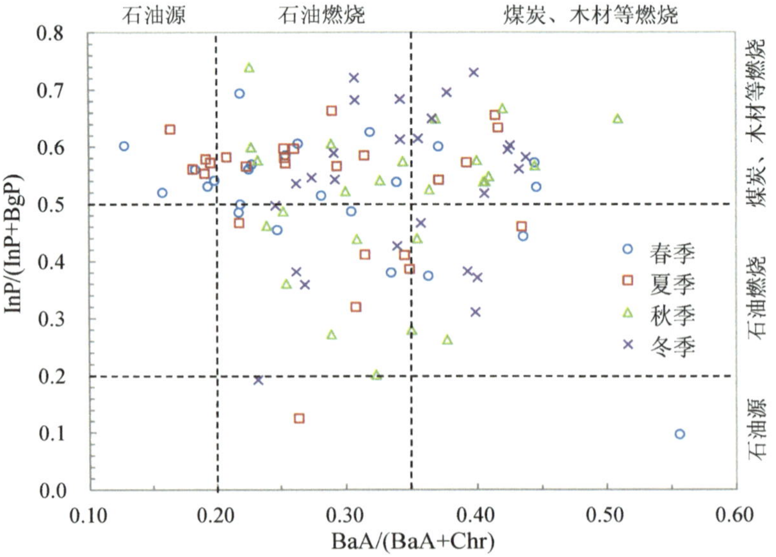

图 5-15　秦皇岛近海大气 InP/（InP+BgP）、BaA/（BaA +Chr）异构体比值分析

从图 5-14、图 5-15 中可以看出，利用 4 种异构体比值法对秦皇岛近海大气中 PAHs 来源初步分析结果的结论并不完全一致。Flu/（Flu+Pyr）比值法和 InP/（InP+BgP）比值法结论完全一致，各季节大气中的 PAHs 均来源于燃烧。BaA/（BaA+Chr）比值法的结论与 Flu/（Flu+Pyr）比值法和 InP/（InP+BgP）比值法在秋季和冬季一致，但在春季和夏季得到了与前两者不一致的结论，即春季和夏季除了燃烧源之外，还有部分来源于石油。Ant/（Phe+Ant）比值法的结论与其余 3 种比值法的差异均较大，得出的各个季节来源的结论均是以石油类的非燃烧源为主，仅在夏季和冬季涉及部分燃烧源，这种情况明显与现实不符。毛潇萱[247]在运用 Ant/（Phe+Ant）比值法进行大气 PAHs 源解析的研究中也得到了类似的结论。有学者指出，针对不同的异构体比值法往往得到不同的来源解析结果[248]。本节的模糊点在于，能否判断出秦皇岛近海大气污染来源究竟为石油源还是燃烧源。为进一步解答这一问题，本部分引入了参数 PP[248]来区分判定秦皇岛近海大气中 PAHs 主要为燃烧源还是石油源。PP 值的计算方法如下：

$$PP=（异构体比值-M\mathit{i}）/M\mathit{i} \quad (5\text{-}4)$$

$$PP=\Sigma PP_i \quad (5\text{-}5)$$

式中，M——权值，上述 4 种异构体比值法的权值分别取 0.4、0.2、0.2 和 0.1；当 PP＜0 时，PAHs 来源判定为石油源；当 PP＞0 时，PAHs 来源判定为燃烧源。

表 5-8 中给出了秦皇岛近海大气中 PAHs 的 PP 值。可以看出，所有样本的

表 5-8　秦皇岛近海大气中 PAHs 的 PP 值

季节	PP_{min}	PP_{max}	PP_{ave}
春	1.687	3.438	2.393
夏	0.529	3.686	2.492
秋	0.739	3.531	2.385
冬	1.134	3.838	2.825

PP 值均大于零，说明秦皇岛近海大气中各季节的 PAHs 均主要来源于石油燃烧（汽车尾气）和燃煤、生物质燃烧，石油挥发并不是秦皇岛近海大气中 PAHs 的主要来源。

5.5.2 PMF 模型源解析

为定量讨论 PAHs 的污染来源类型，参照 Liu 等[97]的方法，本书使用 EPA PMF 5.0 软件对秦皇岛近海大气 PAHs 开展污染来源类型的解析。本书中采用的 PAHs 数据文件为 100 个样品中的 16 种 PAHs（气相与颗粒相的浓度加和），当 PMF 主因子为 4 时，精度和效果相对较好。图 5-16 为秦皇岛近海大气中 PAHs 的 PMF 解析源指纹谱图。

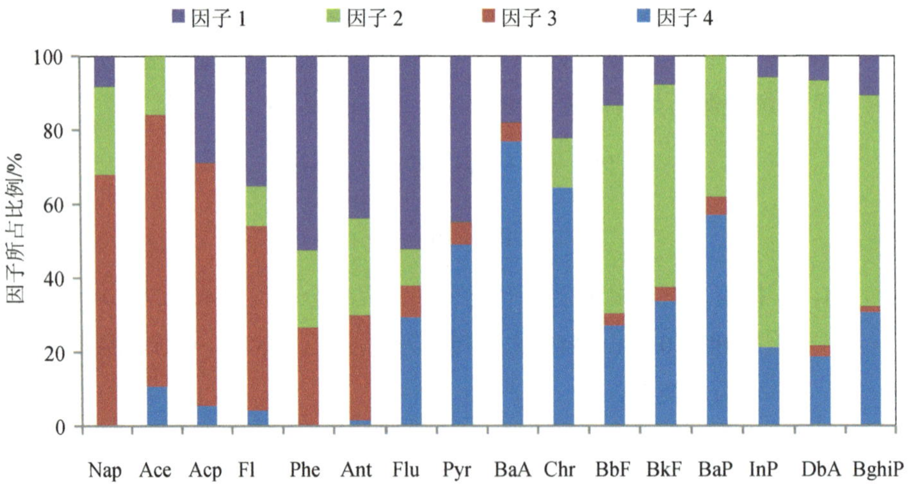

图 5-16 秦皇岛近海大气 PAHs 的 PMF 解析源指纹谱图

如图 5-16 所示，秦皇岛近海大气中 PAHs 的来源可能有 4 种，依次为燃煤排放、炼钢（炼焦）排放、石油挥发泄漏和机动车尾气排放。因子 1 中，Phe、Ant、Pyr 有较高荷载，这 3 类是由煤炭燃烧所致，因此可以认为因子 1 与煤炭燃烧有关；因子 2 中，高环的 BbF、BkF、InP、DbA、BghiP 荷载较高，可能为炼钢（炼焦）工业排放；因子 3 中，中低环的 Nap、Ace、Acp、Fl 等的荷载较高，一般来讲，石油产品的挥发泄漏会产生低环组分，因此，因子 3 可能与石油挥发泄漏有关；因子 4 中 BaA、Chr、BaP 有较高荷载，BaP 可来源于汽油的不完全燃烧，BaA 是汽油、柴油燃烧产生的标志物，交通尾气则易排放 Chr，因此可以认为该因子与机动车尾气排放有关。图 5-17 显示了 4 种 PAHs 来源的贡献率，燃煤排放、炼钢（炼焦）排放、石油挥发泄漏和机动车尾气排放对秦皇岛近海大气中 PAHs 的贡献分别为 38.0%、18.1%、23.9%和 20.0%。与异构体比值法得到的研究结果相比，结论一致，即各种燃烧源为秦皇岛大气中 PAHs 的主要来源，占比达 76.1%。

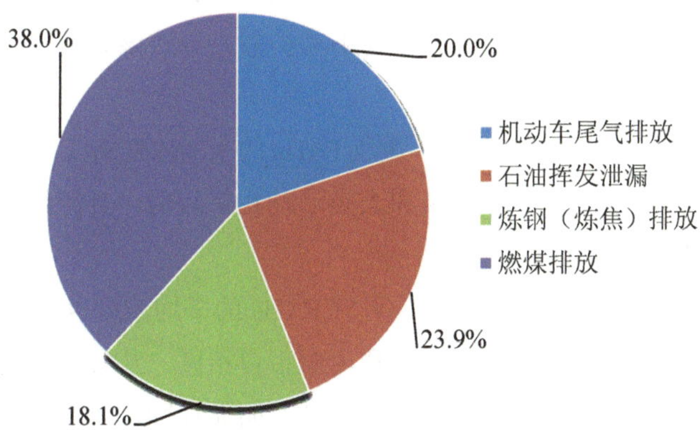

图 5-17　秦皇岛近海大气中 PAHs 的污染来源贡献率

5.5.3　潜在源区识别

本书共计算了 77 个 PAHs 采样日的后向轨迹，分为 3 类。结果显示，大气 PAHs 样品采集期间秦皇岛沿岸区域受来自正南方向（S）、西北方向（NW）和东北方向（NE）的轨迹比例分别为 36.36%、20.78%和 42.86%。依据不同的轨迹聚类对大气样品进行分类，各聚类气团的气相和颗粒相 PAHs 浓度如表 5-9 所示。

表 5-9 不同聚类气团 PAHs 的浓度

气团类别	轨迹数百分比/%	Σ_pPAHs/（ng/m^3）	Σ_g/PAHs/（ng/m^3）	ΣPAHs/（ng/m^3）
S（n=33）	42.86	24.3±19.6	76.7±57.1	101.1±58.9
NW（n=28）	36.36	48.2±28.4	47.2±28.2	95.5±30.5
NE（n=16）	20.78	20.7±25.2	73.1±36.1	93.9±31.7

从表 5-9 中的统计结果可以看出，来自正南方向的聚类气团中，大气 PAHs 的平均浓度达 101.1 ng/m^3。该轨迹气团主要途经山东、天津、河北等经济发达地区，这些区域人类工业生产、生活和汽车尾气排放等均是大气中 PAHs 的重要来源，并且由于气团轨迹较短，污染物不易扩散，导致该聚类气团中大气 PAHs 的聚集。

来自西北方向的聚类气团中，大气 PAHs 的平均浓度稍低，为 95.5 ng/m^3。该聚类气团途经西北地区，工业污染和人类活动相对较弱，且污染轨迹长，因此大气 PAHs 来源相对分散不易聚集。

来自东北方向的聚类气团中，大气 PAHs 的平均浓度也较低，为 93.9 ng/m^3。该聚类气团主要途经我国东北区域和内蒙古自治区，从其轨迹图上可以发现，多数轨迹在到达秦皇岛海域之前在渤海区域有明显迂回，该组气团受海洋的影响会有部分污染物被稀释或清除，因而大气中 PAHs 浓度较低。

采取与氮磷潜在源区贡献度分析类似的方法，在 WCWT 分析的基础上，依据后向轨迹区域内 2 600 个网格的 WCWT 值，定量说明不同区域对秦皇岛近海大气中 PAHs 的污染贡献度，统计结果见图 5-18。结果表明，秦皇岛近海大气中 PAHs 贡献最大的潜在源区位于京津冀地区和内蒙古自治区，对秦皇岛大气中 PAHs 污染的贡献度分别为 22.1%和 28.5%，2 个区域累计达 50.6%，其余于局部出现小范围的贡献度高值区。如将京津冀地区的贡献看成近距离本地源，则近距离本地源的贡献为 22.1%，外地远距离源传输的贡献占 78.0%。

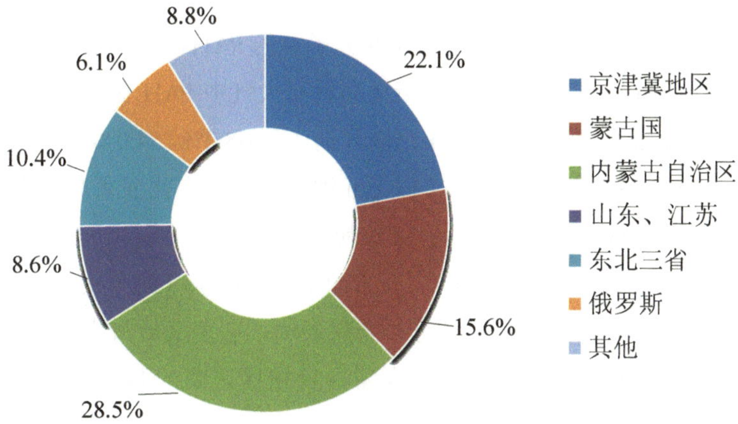

图 5-18　不同区域对秦皇岛近海大气中 PAHs 的贡献度

5.6　小结

本章讨论了秦皇岛近岸海域大气中 PAHs 的赋存特征、气固分配的季节变化及影响因素，分析了大气中 PAHs 在中小尺度范围内传输的源-汇效应，探讨了秦皇岛近海大气中 PAHs 的来源，得到如下结论：

（1）秦皇岛近海大气中 PAHs 的整体浓度水平达 24.3～275.8 ng/m^3，平均浓度为 95.3 ng/m^3。从整体上看，气相 PAHs 的比例稍大，颗粒相 PAHs 的比例稍小。夏季和秋季 PAHs 主要存在于气相中，冬季颗粒相占主导地位。气相中不同环数 PAHs 的比例季节变化并不明显，而颗粒相中不同环数 PAHs 的比例存在明显的季节变化，特别是对于 5～6 环的 PAHs，在冬季的占比偏低，为 10%～28%，夏季的占比偏高，为 22%～61%。

（2）对于气固分配来讲，陆海间 K_p 值的对比不明显，但不同季节之间的差异显著，其中，冬季采暖期对 PAHs 的气固分配行为影响显著，夏季则受温度和湿度的影响比较显著。

（3）与氮磷组分不同，岸基站和海上站之间的 ΣPAHs 存在显著差异，尤其颗粒相上岸基站和海上站之间的差异更显著；冬季颗粒相中 PAHs 的沉降作用显著高于气相中 PAHs 的扩散作用，尤其是高分子量的 PAHs 单体消减率更为明显。

（4）粒径分布的研究结果表明，秦皇岛近海大气中 PAH 在 0.32～1.8 μm 粒径区间的浓度占比最高，春、夏、秋、冬比例分别达到 68.2%、54.0%、65.2%和 64.7%，其中，高环（5+6 环）单体分布于＜1.8 μm 细粒子段的占比显著高于中低环单体，表明高分子量的 PAHs 更易于吸附在细颗粒物上。

（5）秦皇岛近海大气中 PAHs 主要来源于石油燃烧（汽车尾气）和燃煤、生物质燃烧等燃烧源。潜在污染源的分析结果表明，秦皇岛近海大气中 PAHs 贡献最大的潜在源区位于京津冀地区和内蒙古自治区，2 个区域的贡献率累计达 50.6%。

6

秦皇岛近海大气中短链氯化石蜡的污染特征及气固分配

氯化石蜡［也称多氯代正构烷烃（Chlorinated Paraffins，CPs）］为一种新型的持久性有机污染物，由于其具备较强的稳定性、良好的阻燃性和较低的挥发性，且生产成本低，被广泛应用在阻燃剂、增塑剂、冷却剂、润滑剂和密封剂中[249]。碳原子数为 10～13 的氯化石蜡被称为短链氯化石蜡（SCCPs），SCCPs 于 2017 年 5 月被列入《关于持久性有机污染物的斯德哥尔摩公约》受控名单。近年来，有关 SCCPs 的研究报道逐年增多，但有关海洋方面的研究相对较少[250-252]。我国为氯化石蜡生产和使用的大国，开展 SCCPs 在海洋领域的研究具有典型性和代表性[12]。本章基于秦皇岛近岸翡翠岛和海上 12 海里处收集的 100 个大气样品（含颗粒相和气相），系统研究了大气中 SCCPs 的浓度、季节性变化、气固分配及影响因素，并初步探讨了秦皇岛近海大气 SCCPs 的潜在源区。

6.1 大气中 SCCPs 的污染特征

6.1.1 大气中 SCCPs 的浓度水平

秦皇岛近海大气中 SCCPs 的含量与其他区域的对比和采样期间的相关环境参数如图 6-1、表 6-1、表 6-2 和表 6-3 所示。研究区域大气中 24 种 SCCPs 同族体（Σ_gSCCPs+Σ_pSCCPs）的含量为 1.12～43.14 ng/m^3，平均浓度为 18.55 ng/m^3。与其他地区相比，其浓度值低于北京和大连[253]等城市核心区域，高于辽东湾[181]、英国兰卡斯特[148]、加拿大爱格伯特[254]、韩国[150]、日本[150]、瑞士苏黎世[151]和巴基斯坦[255]，与广州[256]和多伦多地区[257]相当。可以看出，我国大气中 SCCPs 的含量在全球处于中高水平。Li 等[150]的报道显示，我国大气中 SCCPs 的浓度较高，与当时我国氯化石蜡的生产量和使用量较大有关[12]。对于本研究所在的秦皇岛近岸海域来讲，大气中 SCCPs 的含量在我国报道的数据中处于中等水平，这与秦皇岛所处的地理位置、周边 SCCPs 的释放和传输均有关。

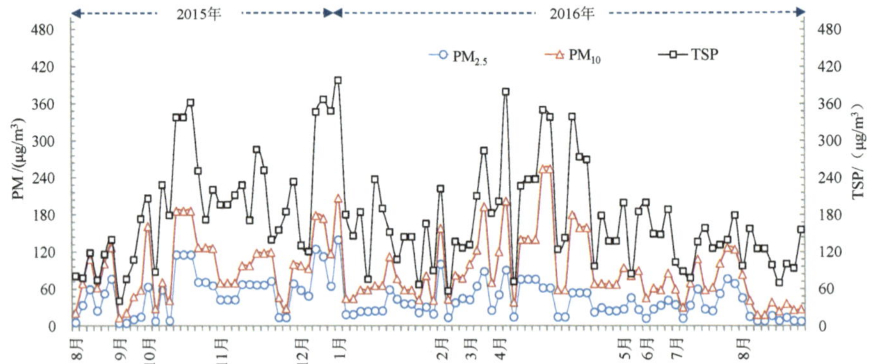

（a）PM$_{2.5}$、PM$_{10}$ 和 TSP 浓度

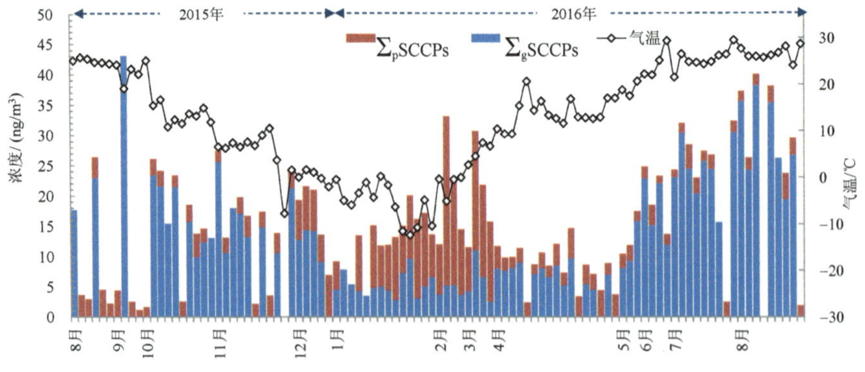

（b）大气样品中气相（Σ_gSCCPs）、颗粒相中 SCCPs 浓度（Σ_pSCCPs）和采样日气温

图 6-1　秦皇岛近海大气中 SCCPs 的含量和有关环境参数

表 6-1 不同地区大气中 SCCPs 的含量

国家/地区	时间	浓度范围/（ng/m^3）	平均值/（ng/m^3）
兰卡斯特（英国）[148]	2003 年	<0.185～3.430	1.13
大连[253]	2016 年	65.3～91.0	78.2
爱格伯特（加拿大）[254]	1990 年	0.065～0.924	0.542
北京[149]	2011 年	1.9～332	108.9
广州[256]	2017 年	6.20～17.8	13.8±3.37
南极长城站[147]	2013 年	0.009 6～0.020 8	
北极斯瓦尔巴德群岛齐伯林山[146]	1999 年	0.009～0.057	
辽东湾[181]	2016 年	气相 5.6～17	
		颗粒相 1.4～1.8	
多伦多[257]	2017 年 9 月	4.13～84.9	23.0
韩国[150]	2008 年	0.60～8.96	
日本[150]	2008 年	0.28～14.2	
瑞士苏黎世[151]	2011 年春季	1.8～17	
	2013 年春季	1.1～42	
巴基斯坦[255]		0.37～14.2	
秦皇岛近海（本书）	2015—2016 年	1.12～43.14	18.55

从不同相态的整体分布来看，秦皇岛大气气相中 SCCPs 的比例较高，平均浓度为（11.18±10.12）ng/m^3，全年平均比例达到 72.8%，颗粒相 SCCPs 的比例相对较小，平均浓度为（4.18±4.52）ng/m^3。这与大多数的研究结论一致，即大气中的 SCCPs 主要分布在气相中[148,154,258]。

6.1.2 大气中 SCCPs 的季节分布

从岸基站每周一次采样获取的研究结果来看（表 6-2），翡翠岛大气中 24 种 SCCPs 的总量（Σ_gSCCPs+Σ_pSCCPs）存在明显的季节变化，夏季大气中 SCCPs 的总含量最高，为 24.2 ng/m^3，其次是秋季和冬季，分别为 17.3 ng/m^3 和 17.0 ng/m^3，春季 SCCPs 总含量最低，为 14.2 ng/m^3。从不同相态 SCCPs 含量的季节变化来看，翡翠岛大气中 SCCPs 的含量在夏季、秋季和春季均为气相高于颗粒相，而冬季 Σ_pSCCPs 含量相对较高，Σ_gSCCPs 含量较低。这与 Wang 等[155]在珠江三角洲的研究结论具有一定的可比性，分析原因主要是夏季气温较高，SCCPs 更容易挥发到空气中。SCCPs 的季节变化特征与 PAHs 有明显的不同，主要是由于二者的来源不同。PAHs 主要来源于燃烧，秦皇岛秋冬季节燃煤供暖是大气中 PAHs 的重要来源，因此供暖季的含量高；而 SCCPs 的来源主要是生产、储存、运输、产品制造及使用过程中的释放[24]，释放速度或释放量与温湿度有关，而与燃煤无关，这是 SCCPs 与 PAHs 季节分布规律不同的最根本原因。

从岸基站和海上站连续采集的样品统计结果来看（图 6-2 和表 6-3），无论是海上站还是岸基站，夏季 Σ_gSCCPs 含量明显高于其他季节，其次是秋季，冬季和春季 Σ_gSCCPs 含量较低；而对于颗粒相来讲，则为冬季 Σ_pSCCPs 含量最高，其余 3 个季节的含量相当。

表 6-2　岸基站每周一次采样获得的不同季节大气中 SCCPs 的浓度及有关环境参数

季节	气温/℃	$PM_{2.5}$/（μg/m^3）	PM_{10}/（μg/m^3）	TSP/（μg/m^3）	每周一次采样 SCCPs 浓度/（ng/m^3）	
					Σ_gSCCPs	Σ_pSCCPs
春	11.7±6.0	45.8±27.0	103.9±45.5	190.3±68.3	12.1±5.6	2.1±0.7
夏	25.5±2.6	24.7±17.6	52.8±29.1	121.3±37.1	22.7±14.5	1.5±1.1
秋	13.3±10.0	24.5±24.0	63.8±48.1	160.6±80.0	15.4±9.8	1.9±1.2
冬	−2.7±4.0	52.0±33.5	97.3±49.3	202.5±96.9	6.9±4.0	10.1±6.5

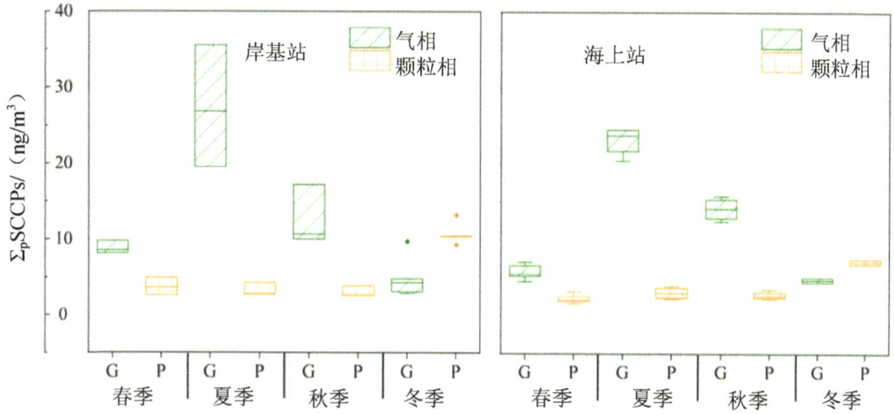

图 6-2　岸基站和海上站连续收集的样品中气相、颗粒相中 SCCPs 的浓度

表 6-3　集中连续采样期间岸基站和海上站收集的样品中 SCCPs 的浓度及有关环境参数

地点	季节	气温/℃	$PM_{2.5}$/（μg/m³）	PM_{10}/（μg/m³）	TSP/（μg/m³）	连续采样的 SCCPs 浓度/（ng/m³）	
						Σ_gSCCPs	Σ_pSCCPs
岸基站	春	16.6±0.9	45.8±21.7	108.2±38.4	207.4±57.5	8.8±4.7	3.7±0.9
	夏	26.7±1.6	10.0±3.6	28.2±7.5	90.6±24.5	27.3±15.9	3.2±1.5
	秋	9.6±3.1	39.3±10.2	79.2±13.3	144.7±28.7	12.6±7	3.0±1.2
	冬	−7.2±2.7	39.5±18.4	75.5±34.3	220.1±50.3	4.9±2.4	10.7±4.5
海上站	春	12.7±0.6	35.0±19.3	78.7±24.2	136.2±43.2	5.8±1	2.3±0.6
	夏	25.0±0.5	14.5±2.6	28.3±6.5	59.6±20.0	23.1±11.6	3.0±1.2
	秋	10.6±3.1	28.3±4.8	63.2±9.0	100.1±15.0	14.1±6.3	2.8±1.2
	冬	−2.3±2.7	30.3±9.9	71.5±21.5	125.6±36.9	4.7±0.8	7.1±4.1

因此，无论是岸基站每周一次的采样结果，还是岸基站和海上站连续采样的结果，秦皇岛近海 Σ_gSCCPs 和 Σ_pSCCPs 都呈现类似的季节变化趋势（图 6-1～

图 6-3）。可以看出，冬季颗粒相的 SCCPs 浓度最高，分布在颗粒相中的比例均值为 61.3%。其余季节均为气相的浓度高于颗粒相，夏季气相中的 SCCPs 浓度最高，其分布在气相中的平均比例为 91.6%。

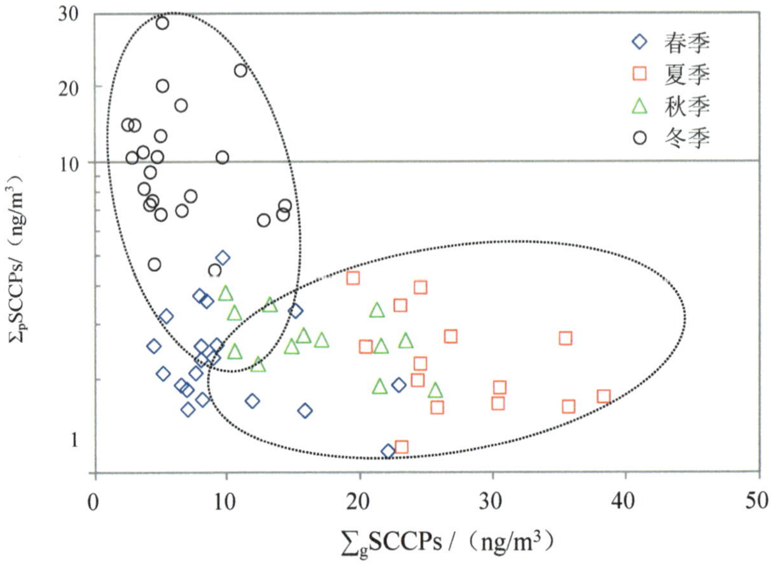

图 6-3　4 个季节气相中 SCCPs 含量与颗粒相中 SCCPs 含量的关系

6.1.3　大气中 SCCPs 不同单体的污染特征

图 6-4 和图 6-5 分别为秦皇岛近海大气中 SCCPs 在不同季节各单体的分布特征。从碳链长度角度分析，气相中低碳链的 C_{10} 组分对气相 SCCPs 的贡献最大，尤其是在夏季和春季，其贡献率高达 83.6%和 78.5%，C_{11}～C_{13} 组分在各季节气相 SCCPs 中的含量相当；颗粒相中，不同碳链长度的贡献同样为 C_{10} 组分的贡献最大，不同季节的贡献率为 37.8%～41.4%，4 个季节 C_{10} 组分的贡献率未见较大区别。从氯化程度的角度分析，5 氯代的单体在气相中的贡献最大（表 6-4），不同季节的贡献率为 28.6%～40.8%，并且随着氯化程度的升高，其对气相 SCCPs 的贡献呈降低趋势；颗粒相中则相反，其中贡献最大的为 10 氯代的 SCCPs 同族体，

其不同季节的贡献率为31.4%～41.3%。可见，秦皇岛近海大气中，低碳链的SCCPs在颗粒相和气相中的占比均较高，低氯化程度的SCCPs在气相中占比高，而高氯化程度的SCCPs在颗粒相中占比高。这是因为SCCPs的饱和蒸汽压随着碳原子数和氯原子数的增加而降低，因此低碳数和低氯代的单体挥发性更强，更容易从各种环境介质挥发进入大气中，进而随大气远距离传输[147,259]。

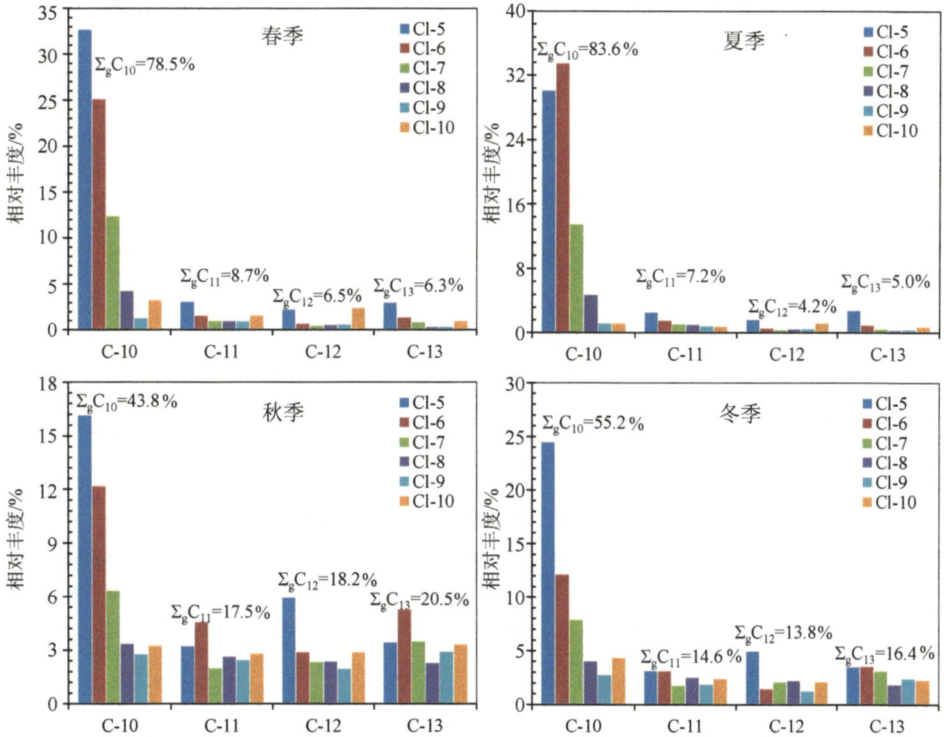

图6-4 不同季节大气气相中氯原子取代数为5～10的SCCPs同族体分布

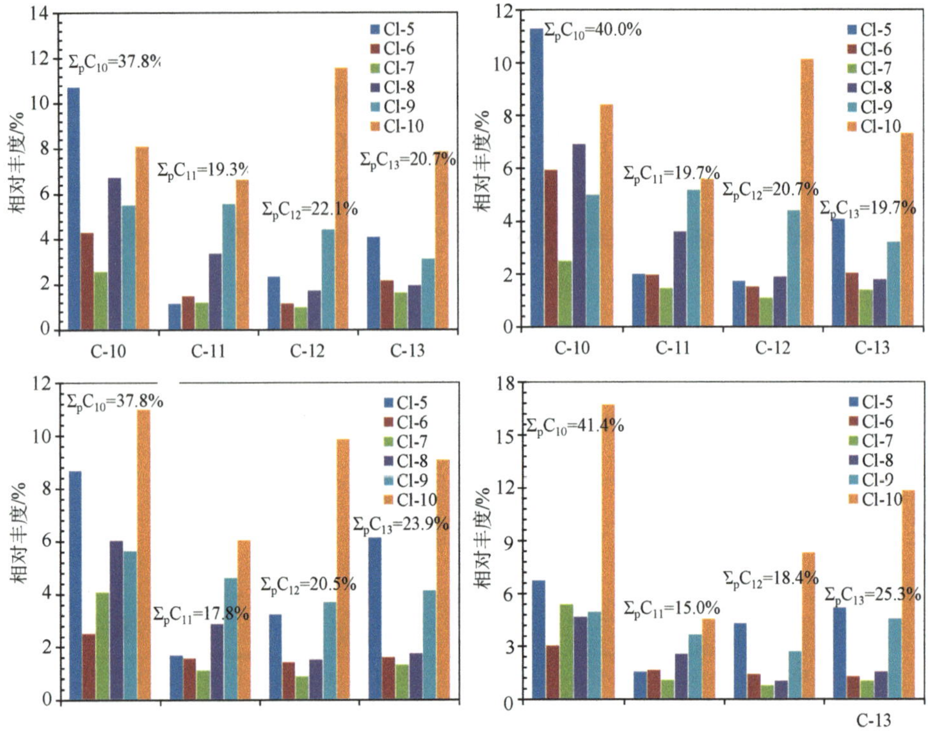

图 6-5 不同季节大气颗粒相中氯原子取代数为 5～10 的 SCCPs 同族体分布

表 6-4 不同季节大气中氯原子取代数为 5～10 的单体对 SCCPs 的贡献 单位：%

	季节	Cl-5	Cl-6	Cl-7	Cl-8	Cl-9	Cl-10
气相	春季	40.8	28.4	14.4	5.7	2.8	7.9
	夏季	36.8	36.1	15.0	6.1	2.5	3.5
	秋季	28.6	24.7	14.0	10.5	10.0	12.1
	冬季	35.9	20.0	14.7	10.4	8.2	10.9
颗粒相	春季	18.2	9.0	6.3	13.7	18.6	34.1
	夏季	19.0	11.4	6.3	14.1	17.7	31.4
	秋季	19.7	7.0	7.3	12.1	18.0	35.9
	冬季	17.7	7.3	8.2	9.7	15.8	41.3

不同区域大气中 SCCPs 的单体污染特征存在一定的差异，有研究表明[150]，虽然东亚大气中SCCPs均以C_{10}和C_{11}的SCCPs为主，但日本和韩国大气中的SCCPs以 11 个碳原子数的单体为主，中国大气中的 SCCPs 以 10 个碳原子数的单体为主，英格兰[148]和多伦多[257]的大气中 SCCPs 则以 12 个碳原子数的单体为主。大气中SCCP 单体组成的差异可能与不同地区所使用的 SCCPs 的产品不同有关[258,260]，我国主要的氯化石蜡生产厂家的产品中以含碳数为 C_{10} 为主[261]，秦皇岛大气中SCCPs 的这种单体分布特征与我国 SCCPs 产品中的组成相似。

6.2 SCCPs 的气固分配

与 PAHs 相似，SCCPs 作为一种新型的半挥发性有机物，在大气中的气固分配行为同样影响其在大气中的沉降、传输和一些关键的化学过程[120,121]。参照 5.2，在计算 SCCPs 气固分配系数 K_P 的基础上，探讨温度和湿度对气固分配系数的影响，并基于经典的 $\lg K_P$-$\lg P_L^0$ 模型、$\lg K_P$-$\lg K_{OA}$ 模型对秦皇岛近海大气中新型有机污染物 SCCPs 在气相与颗粒相中的分配行为进行探讨。

6.2.1 气固分配特征

秦皇岛近海不同季节大气中 24 种 SCCPs 的 $\lg K_P$ 值如表 6-5 所示。不同 SCCP 单体的 $\log K_P$ 值变化为−3.642～−1.100，从 K_P 的定义来看，较小的 $\log K_P$ 意味着其不易于吸附在颗粒物上。对于多数季节而言，低碳数、挥发性较高的 SCCP 单体在颗粒物中表现出相对较低的吸附能力，甚至秋季部分碳原子数为 10 和 12 的单体也表现出了对颗粒物较低的吸附能力。而对于多数季节而言，相应的高碳原子数、高氯代的 SCCP 单体在颗粒物中则表现出较高的吸附能力，这与 PAHs 研究结果相似。

表 6-5　秦皇岛近海大气中各类 SCCPs $\lg K_P$ 的平均值

分子式	春季	夏季	秋季	冬季
$C_{10}H_{17}Cl_5$	−3.387	−3.673	−3.359	−2.602
$C_{10}H_{16}Cl_6$	−3.642	−4.024	−3.767	−2.655
$C_{10}H_{15}Cl_7$	−3.570	−3.953	−3.286	−2.265
$C_{10}H_{14}Cl_8$	−2.677	−3.000	−2.866	−1.900
$C_{10}H_{13}Cl_9$	−2.223	−2.374	−2.812	−1.692
$C_{10}H_{12}Cl_{10}$	−2.328	−2.198	−2.612	−1.474
$C_{11}H_{19}Cl_5$	−3.358	−3.598	−3.428	−2.337
$C_{11}H_{18}Cl_6$	−2.895	−3.185	−3.492	−2.169
$C_{11}H_{17}Cl_7$	−2.772	−2.999	−3.380	−2.138
$C_{11}H_{16}Cl_8$	−2.336	−2.471	−3.084	−1.881
$C_{11}H_{15}Cl_9$	−2.087	−2.181	−2.852	−1.603
$C_{11}H_{14}Cl_{10}$	−2.155	−2.083	−2.808	−1.625
$C_{12}H_{21}Cl_5$	−2.988	−3.392	−3.228	−2.044
$C_{12}H_{20}Cl_6$	−2.609	−2.770	−3.333	−1.751
$C_{12}H_{19}Cl_7$	−2.503	−2.518	−3.522	−2.351
$C_{12}H_{18}Cl_8$	−2.256	−2.295	−3.344	−2.160
$C_{12}H_{17}Cl_9$	−1.945	−1.913	−2.864	−1.506
$C_{12}H_{16}Cl_{10}$	−2.100	−1.979	−2.585	−1.186
$C_{13}H_{23}Cl_5$	−2.811	−3.124	−2.935	−2.005
$C_{13}H_{22}Cl_6$	−2.653	−2.837	−3.566	−2.340
$C_{13}H_{21}Cl_7$	−2.380	−2.388	−3.543	−2.224
$C_{13}H_{20}Cl_8$	−1.955	−1.984	−3.233	−1.949
$C_{13}H_{19}Cl_9$	−1.840	−1.811	−2.984	−1.507
$C_{13}H_{18}Cl_{10}$	−1.876	−1.822	−2.690	−1.100

6.2.2 气固分配影响因素

6.2.2.1 与温度、湿度的相关性

环境温度是影响半挥发性有机物气固分配系数的重要因素，研究表明，多数半挥发性有机物 K_P 与温度的倒数呈显著的线性关系[262]：

$$\lg K_P = m_t\,(1/T) + b_t \tag{6-1}$$

式中，T——开氏温度，K；

m_t、b_t——回归曲线斜率和截距。

将 6.1.1 得到的 $\lg K_P$ 与采样日的平均温度的倒数，按照式（6-1）进行回归，24 种 SCCP 单体与环境温度的回归方程参数见表 6-6。可以看出，24 种 $\lg K_P$ 与 $1/T$ 呈正相关，即 K_P 与温度呈负相关，表明温度越高越不利于 SCCP 单体在颗粒相上的分配。R 值则反映了该相关性的强弱，可以看出，低碳原子数的相关性要高于高碳原子数的 SCCPs，反映在 10 个碳原子数的 6 种同族体与温度回归方程的相关系数均在 0.484 以上，11 个碳原子数的同族体中氯化程度较低的 3 个单体（$C_{11}H_{19}Cl_5$、$C_{11}H_{18}Cl_6$ 和 $C_{11}H_{17}Cl_7$）与温度回归方程的相关系数大于 0.5，12 个碳原子数的同族体中氯化程度为 5 个和 6 个氯原子数的单体与温度回归方程的相关系数大于 0.5，而碳原子数最多的 C_{13} 同族体中仅有 $C_{13}H_{23}Cl_5$ 与温度回归方程的相关系数大于 0.5。可见，低碳原子数、低氯化程度的 SCCP 单体的气固分配系数与温度的相关性要高于高碳原子数、高氯化程度的 SCCP 单体，说明低碳原子数、低氯化程度的 SCCP 单体受温度的影响更为显著。

图 6-6（a）给出了不同相态上 SCCPs 的含量与温度变化的关系图，无论是岸基站还是海上站，大气中气相 SCCPs 的总浓度 Σ_gSCCPs 均随着温度的降低而指数降低（r^2=0.52，p<0.001），而颗粒相 SCCPs 的总浓度 Σ_pSCCPs 则随温度的降低而呈线性升高（r^2 = 0.46，p<0.001）的趋势。除温度外，相对湿度也是影响 SCCPs 在两相中分布的关键因素[221]，图 6-6（b）中给出了空气相对湿度和 ΣSCCPs 之间的关系，结果显示，随着湿度的增大，气态 SCCPs 的含量呈线性升高（r^2 = 0.57，

p<0.001）的趋势，而颗粒相中 Σ_pSCCPs 的含量随湿度的增大呈指数降低趋势（$r^2=0.57$，p<0.001）。这些趋势与 PAHs 表现出相似的变化特征。

表 6-6　24 种 SCCP 单体的 lgK_P 与 1/T 的回归方程及有关参数

单体分子式	回归方程	m_t	b_t	R
$C_{10}H_{17}Cl_5$	lgK_P=2 997.5（1/T）−13.748	2 997.5	−13.748	0.632
$C_{10}H_{16}Cl_6$	lgK_P=3 586.8（1/T）−16.062	3 586.8	−16.062	0.691
$C_{10}H_{15}Cl_7$	lgK_P=4 563.7（1/T）−19.253	4 563.7	−19.253	0.792
$C_{10}H_{14}Cl_8$	lgK_P=3 051.7（1/T）−13.28	3 051.7	−13.28	0.701
$C_{10}H_{13}Cl_9$	lgK_P=1 884.2（1/T）−8.831	1 884.2	−8.831	0.484
$C_{10}H_{12}Cl_{10}$	lgK_P=2 157.0（1/T）−9.679	2 157.0	−9.679	0.511
$C_{11}H_{19}Cl_5$	lgK_P=3 725.5（1/T）−16.217	3 725.5	−16.217	0.705
$C_{11}H_{18}Cl_6$	lgK_P=2 910.2（1/T）−13.085	2 910.2	−13.085	0.573
$C_{11}H_{17}Cl_7$	lgK_P=2 510.3（1/T）−11.571	2 510.3	−11.571	0.533
$C_{11}H_{16}Cl_8$	lgK_P=1 744.8（1/T）−8.504	1 744.8	−8.504	0.387
$C_{11}H_{15}Cl_9$	lgK_P=1 662.5（1/T）−7.949	1 662.5	−7.949	0.388
$C_{11}H_{14}Cl_{10}$	lgK_P=1 379.4（1/T）−6.951	1 379.4	−6.951	0.340
$C_{12}H_{21}Cl_5$	lgK_P=3 763.6（1/T）−16.071	3 763.6	−16.071	0.734
$C_{12}H_{20}Cl_6$	lgK_P=3 007.3（1/T）−13.095	3 007.3	−13.095	0.540
$C_{12}H_{19}Cl_7$	lgK_P=846.8（1/T）−5.631	846.8	−5.631	0.193
$C_{12}H_{18}Cl_8$	lgK_P=567.3（1/T）−4.434	567.3	−4.434	0.117
$C_{12}H_{17}Cl_9$	lgK_P=1 240.4（1/T）−6.338	1 240.4	−6.338	0.264
$C_{12}H_{16}Cl_{10}$	lgK_P=2 080.7（1/T）−9.201	2 080.7	−9.201	0.421
$C_{13}H_{23}Cl_5$	lgK_P=3 189.3（1/T）−13.875	3 189.3	−13.875	0.634

单体分子式	回归方程	m_t	b_t	R
$C_{13}H_{22}Cl_6$	$\lg K_P$=1 526.4（1/ T）−8.138	1 526.4	−8.138	0.314
$C_{13}H_{21}Cl_7$	$\lg K_P$=436.1（1/ T）−4.084	436.1	−4.084	0.085
$C_{13}H_{20}Cl_8$	$\lg K_P$=118.2（1/ T）−2.613	118.2	−2.613	0.024
$C_{13}H_{19}Cl_9$	$\lg K_P$=676.0（1/ T）−4.321	676.0	−4.321	0.134
$C_{13}H_{18}Cl_{10}$	$\lg K_P$=1 959.9（1/ T）−8.671	1 959.9	−8.671	0.385

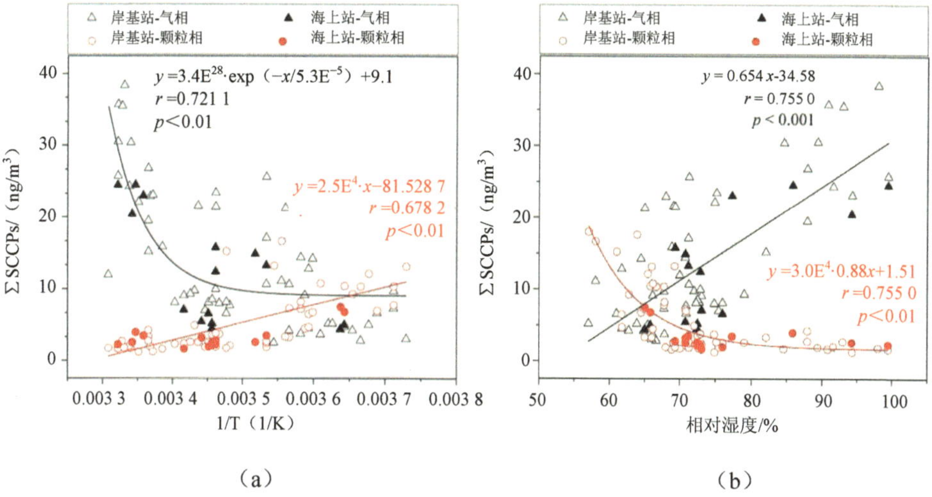

图 6-6 岸基站和海上站气相与颗粒相中 SCCPs 浓度与气温、相对湿度的关系

6.2.2.2 与过冷饱和蒸汽压的相关性

过冷饱和蒸汽压（P_L^0）也与挥发性有机物气固分配系数有关，多数半挥发性有机物 K_P 与 P_L^0 符合以下线性关系：

$$\lg K_P = m_r \lg P_L^0 + b_r \tag{6-2}$$

式中，P_L^0——过冷饱和蒸汽压；

m_r、b_r——回归曲线斜率和截距。

当气固分配达到平衡时，式（6-2）中 m_r 的理论值接近−1，当 m_r 绝对值＞1 时，以颗粒物表面的吸附作用为主；当 m_r 绝对值＜0.6 时，以颗粒物中有机质的吸收机理为主；当 m_r 绝对值介于 0.6 和 1 之间时，表明吸收和吸附两种机制都有[263]。SCCPs 结构复杂，理化数据较少[264]，本部分的 P_L^0 值取自文献 Ma 等[147]。$\lg K_P$ 与 $\lg P_L^0$ 的线性回归曲线如图 6-7 所示。

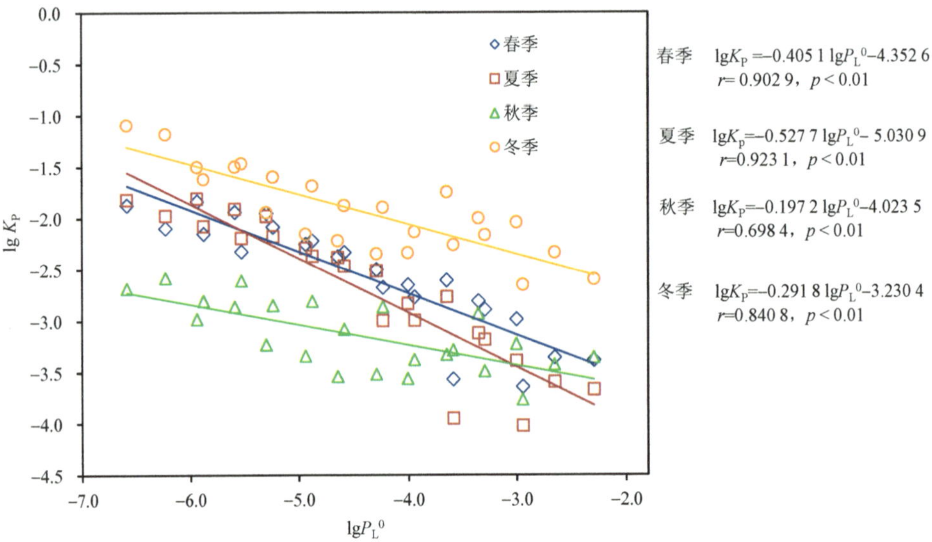

图 6-7 不同季节大气中 SCCPs 的 $\lg K_p$ 与 $\lg P_L^0$ 的线性相关性

从相关性分析结果来看，4 个季节的 $\lg K_P$ 与 $\lg P_L^0$ 都具有很好的线性相关性（0.487 8＜r^2＜0.852 2），曲线的斜率 m_r 分别为−0.405 1、−0.527 7、−0.197 2 和−0.291 8，均偏离−1 较远。根据 Pankow[263]的观点，理论上无论是吸附还是吸收，m_r 在平衡时都应接近−1，但是某些因素（如温度变化、采样限制或平衡时间）可能会导致 m_r 的偏离，颗粒物性质和相对湿度等因素也会导致偏离[265,266]。秦皇岛区域的海洋性特征比较明显，空气中的相对湿度较高，SCCPs 的水溶性会随着氯化程度的上升而变高，导致 m_r 偏离−1。然而，根据李等[238,239]的理论假设，当城市被视为供暖期间的点源时，稳定状态比平衡状态更适合描述大气污染物在气相和颗粒相之间的分配，也就是说，大气中 SCCPs 的分配可能处于非平衡状态，但却是一个相对的稳定状态。该结果与白皓等[267]对大连城区大气的研究结果、Wang 等[149]对于北京冬季的研究结果以及 Ma 等[147]对于南极的研究结果相一致。此外，对比不同季节的斜率发现，春夏季节比秋冬季节大气中 SCCPs 的分配更接近平衡状态。

6.2.2.3 与辛醇-空气分配系数的相关性

辛醇-空气分配系数（K_{OA}）是影响气固分配的另一个重要参数，$\lg K_p$ 与 $\lg K_{OA}$ 的线性回归关系可描述为[218]

$$\lg K_p = m_{oa}\lg K_{OA} + b_{oa} \tag{6-3}$$

式中，K_{OA}——辛醇-空气分配系数，值取自文献[147]；

m_{oa}、b_{oa}——回归曲线斜率和截距。

将 $\lg K_p$ 值与 $\lg K_{OA}$ 作线性回归分析，得到的曲线见图 6-8。结果表明，4 个季节回归曲线的斜率 m_{oa} 分别为 0.387 4、0.503 8、0.180 9 和 0.273 8，绝对值依然偏离 1，且均小于 0.6，表明大气中的 SCCPs 可能处于一种非平衡状态，该结果与 5.2.2.2 的结论相似。对比不同季节的斜率同样发现，春夏季节比秋冬季节的 m_{oa} 值更接近 1，说明春夏季节相比秋冬季节大气中 SCCPs 的分配更接近平衡状态。

对比两个模型的回归结果发现，$\lg K_p$-$\lg P_L^0$ 斜率的绝对值稍高于 $\lg K_p$-$\lg K_{OA}$ 斜率的绝对值，说明基于过冷饱和蒸汽压的吸附模型更适合描述该区域 SCCPs 的气固分配[147]。

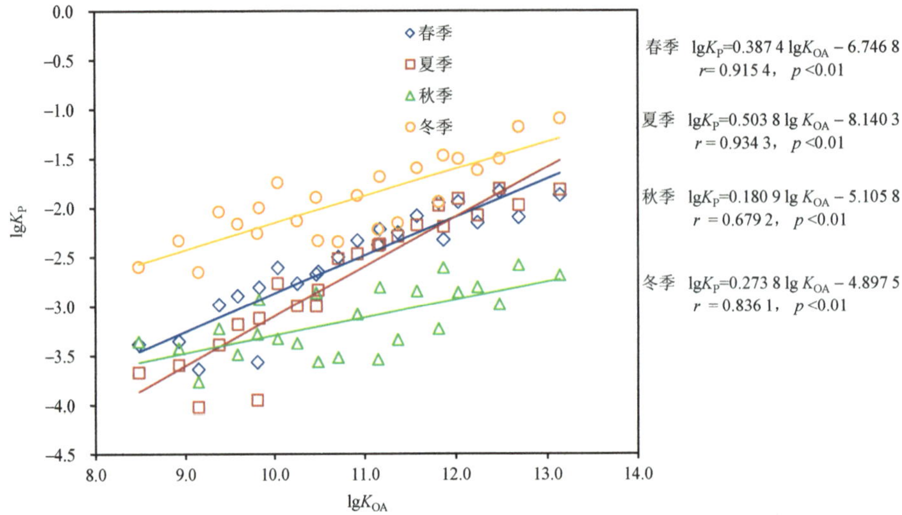

图 6-8 不同季节大气中 SCCPs 的 $\lg K_P$ 与 $\lg K_{OA}$ 的线性相关性

6.2.3 实测值与模型预测值的比较

Junge-Pankow 吸附模型[268]和 Harner-Bidleman 吸收模型[269]是描述半挥发性有机物的气固分配的两个经典模型。

（1）Junge-Pankow 模型属于吸附模型，用 P_L^0 来描述半挥发性有机物的气固分配状态，基于朗缪尔等温线，假设大气中的 SVOCs 是通过吸附作用被吸附在颗粒物表面，颗粒物上 SVOCs 的吸附比例 Φ 可通过式（6-4）计算：

$$\Phi = C_J\theta / (P_L^0 + C_J\theta) \tag{6-4}$$

式中，Φ——SVOCs 在颗粒相上的吸附比例；

C_J——与 SVOCs 在颗粒物表面的分子量、解吸热及摩尔吸附点有关的参数，通常可取经验建议值为 0.172 P·m[269]；

θ——颗粒物的表面积浓度，取值与监测地点类型有关，单位为 m^2/m^3(air)，一般在清洁的大陆本底（Remote）按 4.2×10^{-5} m^2/m^3（air）计算，在乡村地区（Rural）按 1.5×10^{-4} m^2/m^3（air），对于城市和工业区（Urburn）按 1.1×10^{-3} m^2/m^3（air）计算[269]；

P_L^0——化合物的过冷饱和蒸汽压（P_L^0），取自文献[147]。

实测 Φ 值按照下式计算：

$$\Phi = C_p/（C_p+C_g） \tag{6-5}$$

式中，C_p——颗粒相中 SVOCs 的浓度，ng/m^3；

C_g——气相中 SVOCs 的浓度，ng/m^3。

（2）Harner-Bidleman 模型属于吸收模型，用 K_{OA} 来描述半挥发性有机物的气固分配状态，假设半挥发性有机物吸附在颗粒物上的原因主要基于颗粒物中的有机质对其吸收，颗粒物上 SVOCs 的比例 Φ 可通过式（6-6）计算：

$$\Phi = K_P \cdot TSP /（1 + K_P \cdot TSP） \tag{6-6}$$

其中，TSP 参照文献[147]的处理方式，以所有样品的平均值 189.85 $\mu g/m^3$ 计算，K_P 可通过式（6-7）计算：

$$\lg K_P= \lg K_{OA} + \lg f_{om} - 11.9 \tag{6-7}$$

式中，f_{om}——气溶胶中有机质的占比，参照文献[147]分别取 10%、20%和 30%。

图 6-9 给出了不同季节秦皇岛近海大气中 SCCPs 的实测值与 Junge-Pankow 吸附模型预测值的比较，可以看出按照乡村地区（Rural）取值 1.5×10^{-4} m^2/m^3（air）的模拟曲线可能更符合秦皇岛近海大气中 SCCPs 气固分配比的实际情况，本书的岸基取样点位于秦皇岛近岸郊区，环境状况也比较接近乡村。从不同季节的拟合情况可以看出，冬季的实测值向 θ 取值更大的工业区曲线偏移，可能与冬季气温较低有关。需要说明的是，模型的预测值与实测值之间存在较大的差异，可能会受到如采样过程中的温度变化、采样条件（如石英纤维滤膜对气态 SCCPs 有吸附作用）等因素的限制，平衡条件及参数 C_J 和 θ 的设置等不可避免地引入误差[149,263]，也会导致 Φ 值的偏差。

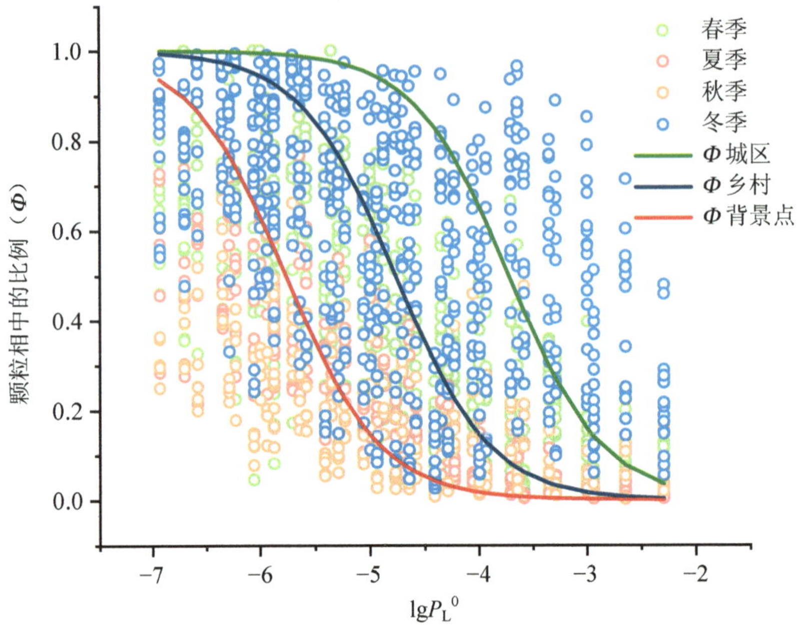

图 6-9　不同季节大气中 SCCPs 在颗粒相中分配比例的实测值与 Junge-Pankow 模型预测值的比较

图 6-10 给出了 Harner-Bidleman 吸收模型预测值与实测值的对比，当 f_{om} 取为 10%时，模拟曲线可能更符合秦皇岛近海大气中 SCCPs 气固分配比的实际情况。从 Harner-Bidleman 模型不同季节的拟合情况可以看出，冬季的实测值向 f_{om} 更小的曲线偏移，也可能与冬季气温较低有关。Harner-Bidleman 吸收模型的预测值与实测值之间也存在一定的差异，除与采样过程中的温度变化、采样条件的限制有关外，还可能与 TSP 的计算取值方法有关。

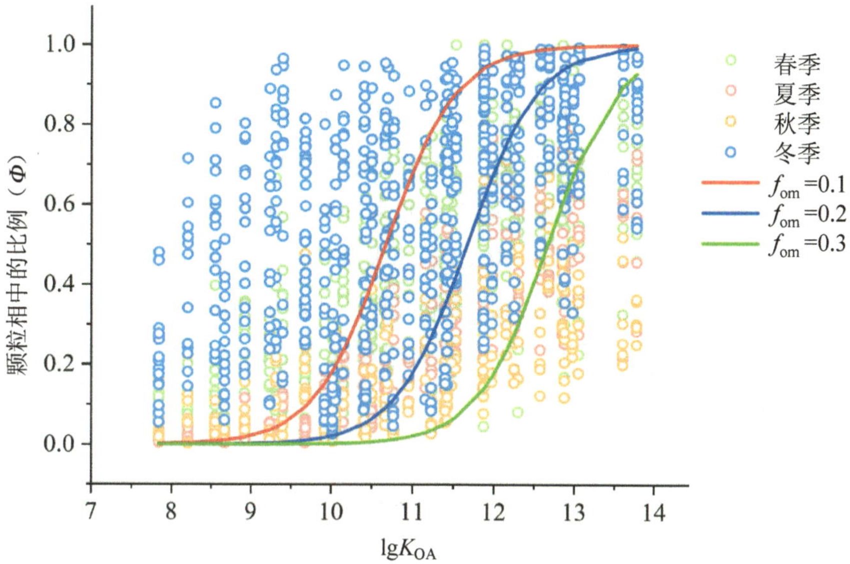

图 6-10　不同季节大气中 SCCPs 在颗粒相中分配比例的实测值与 Harner-Bidleman 模型预测值的比较

6.3　SCCPs 的空间差异

图 6-2 和表 6-3 已经初步表征了秦皇岛近海大气中 SCCPs 的空间分布特征。从岸基站和海上站连续采样平均结果对比图来看（图 6-11），岸基站和海上站之间的 ΣPAHs 存在一定的差异。从全年平均值来看，岸基站的 Σ_gSCCPs 和 Σ_pSCCPs 高于海上站的 Σ_gSCCPs 和 Σ_pSCCPs；从平均值的季节变化来看，除秋季海上 ΣSCCPs 的浓度稍高于岸基站的浓度外，其余季节均为岸基站高于海上站。对两个站点的样本进行配对 T 检验后，其并没有通过显著性检验（$p>0.05$），因此本部分仅以平均值的结果进行定性描述。

结合对氮磷组分 PAHs 和 SCCPs 的讨论可以看出，大气中不同的物质在中小尺度范围内表现的差异性结论不同，氮磷组分和 SCCPs 组分的空间差异不明显，而 PAHs 的空间差异明显，分析原因可能与污染要素的性质和来源不同有关。氮磷组分空间差异不明显，主要原因如 4.3.2 中所述，每个站点均可能受到污染来源的突发性影响。PAHs 和 SCCPs 虽然同为半挥发性有机物，很多性质具有相似性，但是二者的来源不同。PAHs 的来源主要是燃烧，燃烧来源在人类生活生产中不断发生并持续聚集，大气中的 PAHs 处于一种稳定但不平衡的状态[218,238,239]，在从岸基向海域大气传输的过程中可作为城市点源来理解，在此情境下，12 海里范围内就表现出了明显的源-汇效应；而 SCCPs 的来源主要是各种材料的缓慢释放，含量较低，范围较广，可作为较弱的面源来理解，从这个角度分析，SCCPs 在中小尺度范围内的大气中更接近于达到平衡状态和混合均匀状态，因此其传输的源-汇效应不如 PAHs 明显。

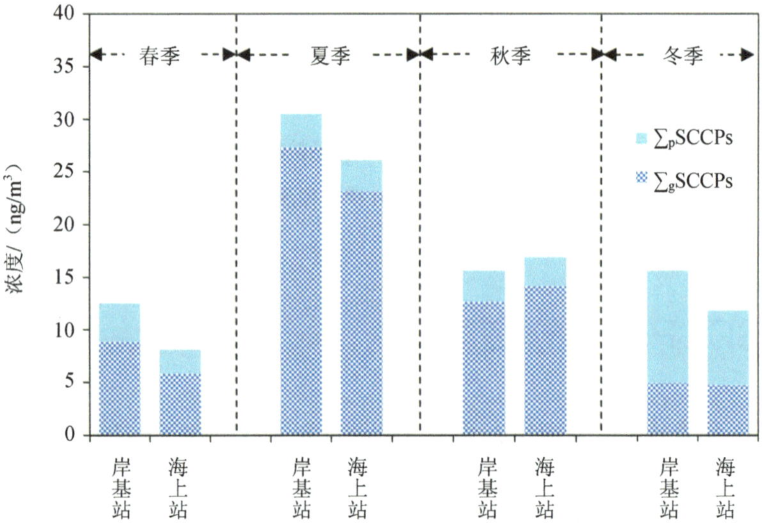

图 6-11 集中采样期间不同站点大气中的 SCCPs 含量对比

6.4 大气中 SCCPs 的潜在源区解析

同第 5 章 PAHs 的采样日期一致，本书共计算了 77 个 SCCPs 采样日的后向轨迹，分为 3 类。研究区域采集期间受来自正南方向（S）、西北方向（NW）和东北方向（NE）的轨迹所占比例分别为42.86%、36.36%和20.78%，各聚类气团的气相和颗粒相SCCPs浓度如表6-7所示。

表6-7 不同聚类气团中SCCPs的浓度

气团类别	轨迹数百分比/%	Σ_pSCCPs/（ng/m^3）	Σ_gSCCPs/（ng/m^3）	ΣSCCPs/（ng/m^3）
S（n=33）	42.86	4.0±5.1	11.4±9.7	15.4±9.8
NW（n=28）	36.36	5.1±4.4	11.8±10.0	17.0±9.0
NE（n=16）	20.78	4.7±5.1	9.4±10.9	14.2±10.7

从表6-7中的统计结果可以看出，来自西北方向的聚类气团中大气SCCPs的平均浓度最高，为17.0 ng/m^3。该轨迹气团主要途经西北地区、京津冀西北部地区后传输到秦皇岛近海，源头方向的西北地区气候干旱，气团在传输途中携带了沿途材料中释放的SCCPs，当到达京津冀工业区后进一步累积，因此出现了较高浓度的SCCPs。来自正南方向的聚类气团和东北方向的聚类气团中大气SCCPs的平均浓度稍低。

6.5 小结

本章讨论了秦皇岛近海大气中SCCPs的污染特征及气固分配，探讨了秦皇岛近海大气中SCCPs的来源，得到的主要结论如下：

（1）秦皇岛近海大气中SCCPs的含量为1.12～43.14 ng/m^3，平均浓度为18.55 ng/m^3，在我国处于中高水平，我国在世界又处于中高水平，可能与我国氯化石蜡的生产量和使用量较大且暂未采取有效管控措施有关。秦皇岛大气中的SCCPs主要分布在气相上，全年颗粒相中SCCPs的比例仅占27.2%。不同季节Σ_pSCCPs的差异明显，其中，冬季大气颗粒相中Σ_pSCCPs含量较高，平均比例达到61.3%，夏季气相中Σ_gSCCPs的浓度最高，平均比例达到91.6%。

（2）SCCPs的单体污染特征表明，低碳链的SCCPs在颗粒相和气相中的占比均较高，低氯化程度的SCCPs在气相中占比高，而高氯化程度的SCCPs在颗粒相中占比高，这种以低碳链为主的单体分布特征与我国 SCCPs 产品中的组成相似。

（3）气固分配的研究结果表明，Σ_gSCCPs 随着温度的降低呈指数降低趋势，Σ_pSCCPs 随温度的降低呈线性升高趋势，低碳低氯代的 SCCP 单体的气固分配受温度的影响更为显著；Σ_gSCCPs 随湿度的增加呈线性增加趋势，而 Σ_pSCCPs 随湿度增加呈指数降低趋势；$\lg K_P$ 与 $\lg P_L^0$ 及 $\lg K_{OA}$ 模型的回归结果表明，大气中 SCCPs 的气固分配未达到平衡状态，春、夏季节相较秋、冬季节更接近平衡状态，大气中 SCCPs 的气固分配以吸收作用为主。

（4）秦皇岛近海大气中的 SCCPs 在中小尺度范围内并没有表现出明显的差异和源-汇效应，可能与其来源的途径和理化性质有关。从潜在污染源的区域分布来看，京津冀城市群可能是秦皇岛近海大气中 SCCPs 的主要潜在源区。

7

秦皇岛近海大气中氮磷组分和典型有机污染物的干沉降

从全球尺度来看，大气沉降对海洋污染物的输入贡献较为明显。干沉降是大气污染物迁出大气的形式之一。与湿沉降相比，干沉降虽然看不见，但因持续性且大面积发生，其对大气沉降的贡献并不亚于湿沉降[4,48]。本章主要采用间接估算法，评估秦皇岛近海大气中颗粒态氮磷组分的干沉降通量、颗粒态典型有机污染物干沉降通量和气态典型有机污染物的干沉降通量。

7.1 不同粒径大气颗粒物的沉降速率

颗粒态大气污染物干沉降通量最经典的间接估算法是以物质浓度和沉降速率的乘积来计算物质大气干沉降通量[161]，其中最关键的参数为干沉降速率。在没有直接测定数据的情况下，干沉降速率也可以参照 Gesamp[14]提出的推荐值，但 Shahin[162]指出该推荐值主要适用于细粒子，因而由它估算的结果通常偏低；Kang[168]和 Kong[169]也指出干沉降通量的不确定性很大一部分来源于粒子的粒径分布。虽然不少研究在计算干沉降速率时已考虑了气溶胶粒子粒径分布的影响[63,202]，但多是仅考虑某一时段或者年均气溶胶尺度谱的经验值来计算干沉降速率，实际上大气颗粒物污染物粒径分布存在明显的季节差异[60,67]，因此精细化评估大气颗粒物的干沉降通量应该进一步考虑粒径分布的季节变化带来的干沉降速率的季节变化。本书采用适用于天然水表面的 Williams 模型[164]，该模型兼顾了水文气象条件和粒子粒径对沉降速率的重要影响[160]。

本节主要研究不同季节、不同粒径大气颗粒物的沉降速率，得到的结果是 7.2 和 7.3 中颗粒态组分干沉降通量的计算基础。

7.1.1 模型原理和改进

Williams 模型（图 7-1）是一种针对天然水表面的干沉降模型，其在众多海区的气溶胶干沉降通量估算中得到了成功应用，原理见图 7-1。虽然考虑了颗粒物的潮解增长及海面波浪状态对沉降速率的影响，但具有一定局限性，仅考虑了 3 种临界条件下的情况，无法适用于实际海面的条件。另外，模型中虽然也考虑了破碎表面传输系数对干沉降速率的影响，但未考虑风速对破碎表面传输系数的影响。本书参照 Qi[160]和王泽杰[166]的方法对模型进行了改进，使其更适用于特定区域的海水表面大气气溶胶颗粒物沉降速率的模拟。

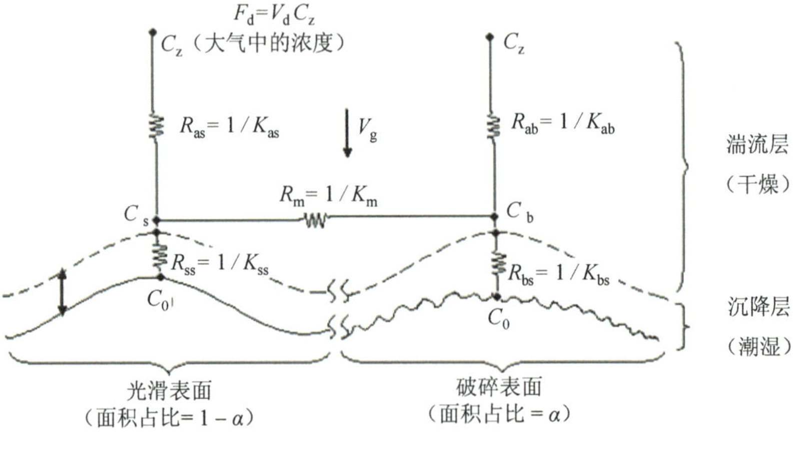

图 7-1 粒子向水面干沉降的一个两层多途径模型，包括波浪碎波和吸收水蒸气后粒子的生长效应[164]

特定粒径粒子的干沉降速率的计算见式（7-1）～式（7-3）：

$$V_d=\left(\frac{A}{B}\right)\left[(1-\alpha)\left(K_{ss}+V_{gw}\right)+\frac{K_m\alpha\left(K_{bs}+V_{gw}\right)}{K_m+\alpha\left(K_{ab}+K_{bs}+V_{gw}\right)}\right]+\frac{\alpha+\left(K_{bs}+V_{gw}\right)\alpha\left(K_{bs}+V_{gd}\right)}{K_m+\alpha\left(K_{ab}+K_{bs}+V_{gw}\right)} \tag{7-1}$$

$$A=K_m\left[(1-\alpha)K_{as}+\alpha K_{ab}+V_{gd}\right]+(1-\alpha)\left(K_{ss}+V_{gd}\right)\alpha\left(K_{ab}+K_{bs}+V_{gw}\right) \tag{7-2}$$

$$\begin{aligned}B=K_m&\left[(1-\alpha)(K_{as}+K_{ss})+\alpha\left(K_{ab}+K_{bs}\right)+V_{gw}\right]+\\&(1-\alpha)\left(K_{as}+K_{ss}+V_{gw}\right)\alpha(K_{ab}+K_{bs}+V_{gw})\end{aligned} \tag{7-3}$$

相应参数的确定参考文献[160,166]等。

7.1.2 模型评估

由于模型模拟得到的干沉降速率存在一定的不确定性，为了验证模型的有效性，在翡翠岛不同粒径气溶胶样品的集中采集期间，同步采集了代用表面干沉降样品来对模型进行验证（以氮、磷为例）。

这里利用代用表面干沉降通量实测值来计算干沉降速率，首先计算单位面积上 N/P 的干沉降通量，计算公式如下：

$$F=(C_l\cdot V)/A \tag{7-4}$$

式中，F——单位面积上 N/P 的干沉降通量，μg/m^2；

C_l——收集溶液中组分的浓度，μg/L；

V——收集溶液的体积，L；

A——代用面的有效面积，m^2。

沉降速率计算公式如下：

$$V_d=100F/t/C_g \tag{7-5}$$

式中，V_d——沉降速率，cm/s；

t——收集时间，s；

C_g——大气中组分的浓度，μg/m³。

由于干沉降速率的影响因素比较复杂，即使在同一地区，不同的研究方法结果相差也会较大[34,160]，有的甚至相差数十倍。从本研究模型的模拟值与实测值的比较来看（表 7-1），75%组分的差别在 1 倍之内，其余 25%组分的差别在 2 倍以内，这种差别在可接受范围内。这说明以该参数化方案预测秦皇岛近岸海域实际水文气象条件下大气颗粒物的干沉降速率具有一定科学性。

表 7-1　模型模拟沉降速率结果与代用表面测定值比较　　单位：cm/s

样品编码	方法	不同组分干沉降速率				
		PO_4^{3-}-P	NO_3^--N	NH_4^+-N	TTP	TTN
D20151102-1113	模拟值	0.825	0.480	0.252	0.962	0.485
	实测值	0.651	0.381	0.234	1.474	0.731
D20150824-0831	模拟值	1.271	1.558	0.506	1.289	0.587
	实测值	1.197	1.136	0.475	2.064	1.625
D20160421-0429	模拟值	2.040	0.604	0.389	1.417	0.711
	实测值	0.946	0.908	0.128	0.675	0.320
D20160112-0129	模拟值	1.218	0.390	0.295	0.768	0.177
	实测值	1.478	0.676	0.188	0.947	0.107

7.1.3　不同粒径大气颗粒物的沉降速率

将采样期间获取的相对湿度 RH（%）、风速（m/s）、气温（K）、气压（Pa）以及遥感提取的海表面温度分别取日均值，并将粒子的分段粒径值输入改进后的 Williams 模型，得到不同粒径大气颗粒物每日的沉降速率 V_n，在此基础上计算每个季节的日均值，得到不同季节不同粒径大气颗粒物的沉降速率，如图 7-2 所示。

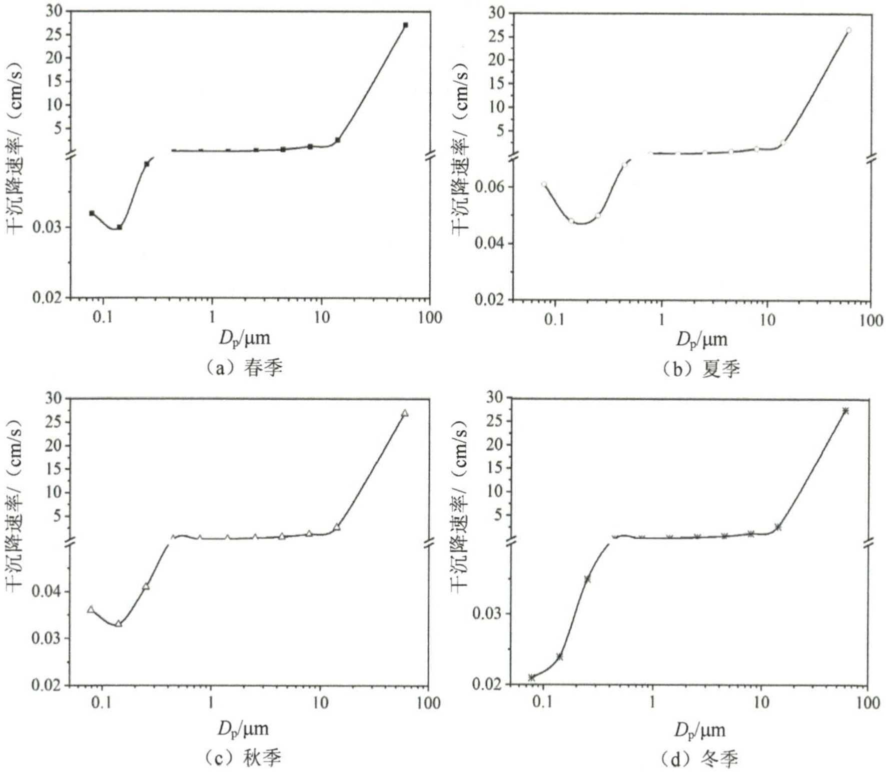

图 7-2　不同季节大气颗粒物的沉降速率随粒径变化

结果表明，在本书研究的粒径范围内（0.078～59 μm），春季、夏季和秋季颗粒物的沉降速率随粒径的减小呈迅速减小而后增大的趋势。以粒径 0.1～0.18 μm 为分界点，大于此粒径段的粒子沉降速率随粒径增大而增大，小于此粒径段的粒子沉降速率随粒径的减小而增大，这与空气相对湿度、风速、气压、气温和水温差、海表粗糙度等多种因素有关[160]。在较粗粒径范围内，颗粒物沉降速率主要遵循斯托克斯定律，会随着颗粒物粒径的减小而迅速减小。然而随着粒子粒径的继续减小（多指粒径小于 0.2 μm 时），下沉降过程中的破碎表面传输、阻抗和摩擦、潮解等作用开始显现，这些过程引起粒子沉降速率增大值要强于重力引起的粒子沉降速率减小值，因此，在更细的粒径段颗粒物沉降速率反而会随着粒径的减小而有所增大。基于风洞试验的研究也发现[271]，0.1～1 μm 的气溶胶颗粒物沉降速率极低（<0.1 cm/s），这也同样验证了该结论。冬季不同粒径颗粒物的沉降速率随粒径的减小而减小，没有出现沉降速率最低的拐点，可能与冬季低湿度、低温的环境条件有关，在本部分所模拟的粒径段（0.078～59 μm）未达到沉降速率最低点所需要的气象条件。

另外，从沉降速率的粒径分布规律上可以看出，粒径小于 1.8 μm 的细粒子沉降速率变化范围不大，沉降速率为 0.02～0.18 cm/s，而当粒径继续增大时，气溶胶颗粒物的沉降速率由 0.3 cm/s 左右迅速增大至超过 20 cm/s。由此推断细粒子部分颗粒物的占比对整个气溶胶干沉降速率的影响不大，而气溶胶粗粒子的占比则可能是干沉降速率的决定因素，这个问题将在 7.2 中进一步探讨。

7.2 大气颗粒物中氮磷组分的干沉降

本书中大气氮磷组分的干沉降主要指颗粒态氮磷组分的干沉降。

7.2.1 氮磷组分的沉降速率

将不同季节大气颗粒物不同粒径的沉降速率 V_{dn} 和秦皇岛海域不同季节 N/P 组分在不同粒径段的百分比 I_n（表 4-6）代入式（7-6），计算秦皇岛近岸海域不同季节大气 TSP 中 N/P 组分的沉降速率 V_d。

$$V_d = V_{d1} \cdot I_1 + V_{d2} \cdot I_2 + \cdots + V_{dn} \cdot I_n \tag{7-6}$$

式中，V_d ——不同季节大气 TSP 中 N/P 组分沉降速率，cm/s；

V_{dn} ——Williams 模型模拟得到的第 n 级粒径大气颗粒态氮磷组分的沉降速率，取每个粒径段的中值粒径的沉降速率，cm/s；

I_n ——第 n 级粒径上大气 TSP 中 N/P 组分比例，%。

秦皇岛近岸海域不同季节大气颗粒物中N/P组分的沉降速率计算结果见表7-2。全年秦皇岛近岸海域中大气颗粒物PO_4^{3-}-P、NO_2^--N、NO_3^--N、NH_4^+-N、DTP-P、DTN-N、PTP、PTN的沉降速率分别为1.414 cm/s、0.67 cm/s、0.546 cm/s、0.297 cm/s、1.732 cm/s、0.629 cm/s、2.271 cm/s、1.190 cm/s。整体上磷组分的沉降速率大于氮

组分，通过对比氮磷组分的粗细粒子上的粒径分布比例可以看出，磷组分受其污染来源与理化性质的影响，分布于粗粒子部分的比例要高于细粒子，而前面提到粒径大于1.8 μm粗粒子的沉降速率随粒径增大而迅速增大，因此磷组分的沉降速率大于氮组分。同样，各组分的沉降速率也呈现一定的季节变化趋势，主要由粒径分布的季节变化引起。例如，大多数组分在春季的沉降速率最高，秋季最低，主要由于春季受沙尘天气影响，多数氮磷组分在较大粒径段的分布比例提高；而秋季沉降速率较低，则是因为灰霾天气过程导致大气中细粒子含量比例较高。

表 7-2 秦皇岛近岸海域不同季节大气气溶胶中颗粒态 N/P 组分的沉降速率

单位：cm/s

组分	春季	夏季	秋季	冬季	全年
PO_4^{3-}-P	1.631	1.455	1.196	1.366	1.414
NO_2^--N	0.899	0.741	0.420	0.629	0.670
NO_3^--N	0.662	0.608	0.391	0.546	0.546
NH_4^+-N	0.338	0.327	0.250	0.273	0.297
DTP-P	1.932	1.687	1.458	1.891	1.732
DTN-N	0.776	0.659	0.493	0.581	0.629
PTP	2.434	2.056	2.159	2.411	2.271
PTN	2.216	1.823	1.620	1.975	1.910

将本研究对沉降速率的研究结果同其他区域不同方法的研究结果相比（表 7-3），可以发现本书 NO_3^--N 的沉降速率明显小于 Nakamura 等[272]和 Spokes 等[273]分别在中国东海和大西洋的研究结果，这是由于其对沉降速率的确定方法均为以两级粗细粒子划分为基础（以 2 μm 作为粗细粒子的分界线），再借鉴 Duce 等[13]的推荐值来计算沉降速率，前文提到过，粒径大于 1.8 μm 的颗粒物沉降速率会随着粒径的增大迅速增加，若对粗细粒子的两级划分方式过于粗略，难免会忽略较粗粒子的粒径分布对沉降速率的重要影响；同闫涵等在黄海和东海以 WRF-Chem 模式的模拟结果[274]相比，本书的研究结果又偏高，尤其是 NH_4^+-N 的

沉降速率高出 4 倍，这可能是因为 WRF-Chem 模式中未考虑非均相化学反应机制，因此有可能导致模式对于 NO_3^--N 和 NH_4^+-N 粗细颗粒态之间转化的模拟出现偏差，从而影响干沉降速率的估算；同邢建伟[34]在青岛以代用表面获得的结果相比，本书水溶性有机氮和磷组分的沉降速率明显偏高，可能与代用表面收集这些物质时存在表面的反弹效应有关，而玻璃珠系统的优点是可以捕获较大的颗粒，从而避免重新悬浮，因此 Markaki[47]以玻璃珠系统的估算方法得到的磷组分的沉降速率较大。本研究的结果同基于 Slinn 模型的 6 级粒径划分法得到的 NO_3^--N 和 NH_4^+-N 的沉降速率[275]具有可比性，并且遵循 NO_3^--N 沉降速率高于 NH_4^+-N 沉降速率的总体结论，且在学者们统一建议的水面干沉降速率 0.001～2 cm/s 内。

表 7-3　不同研究区域、不同研究方法获得的沉降速率对比

区域	污染要素沉降速率/（cm/s）						沉降速率研究方法	参考文献
	NO_3^--N	NH_4^+-N	NO_2^--N	DON	DIP	DOP		
东海	1.7	0.22	—	—	—	—	基于两级粒径分布的推荐值估算法	[272]
大西洋	1.15	0.6	—	—	—	—	基于两级粒径分布的推荐值估算法	[273]
黄海	0.161	0.054	—	—	—	—	数值模拟 WRF-Chem Model	[274]
东海	0.313	0.071	—	—	—	—	数值模拟 WRF-Chem Model	[274]
孟加拉湾	0.34	0.19	—	—	—	—	基于 6 级粒径分布的 Slinn 模型计算	[275]
地中海	—	—	—	—	2.1～2.7	—	基于 Glass bead 系统的估算法	[47]
胶州湾	0.23～0.54	0.09～0.24	0.05～0.55	0.15～0.22	0.2～0.68	0.33～1.18	代用表面法	[34]
秦皇岛近海	0.546	0.297	0.670	0.629	1.414	1.732	基于 11 级粒径分布的 Slinn 模型计算	本书

7.2.2 氮磷组分的干沉降通量

在 4.3.1 中，讨论了秦皇岛近海大气中氮磷组分浓度的季节变化，将不同季节氮磷组分的浓度和 7.2.1 中得到的氮磷组分干沉降速率的计算结果代入式（7-7），计算不同季节秦皇岛近岸海域大气中颗粒态氮磷组分的干沉降通量，再将 4 个季节氮磷组分沉降通量加和，可得到全年的沉降通量，见图 7-3 和表 7-4。

$$F_d = V_d \cdot C \cdot t \tag{7-7}$$

式中，F_d——大气颗粒态氮磷组分的干沉降通量，kg/km^2；

V_d——TSP 中氮磷组分的干沉降速率，cm/s；

C——TSP 中氮磷组分的浓度，$\mu g/m^3$；

t——计算时间，s。

表 7-4 秦皇岛近岸海域大气颗粒物中氮磷组分的干沉降通量 单位：kg/km^2

组分名称		春季	夏季	秋季	冬季	全年
氮组分	TTN	940.40	511.21	768.19	1 085.22	3 305.02
	DTN	782.65	398.06	554.03	833.39	2 568.13
	NH_4^+-N	141.22	88.24	129.02	185.55	544.05
	NO_3^--N	262.66	143.35	151.66	272.50	830.18
	NO_2^--N	1.05	0.16	0.18	0.73	2.12
	DIN	404.94	231.75	280.86	458.78	1 376.34
	DON	377.71	166.31	273.17	374.61	1 191.79
	PTN	157.75	113.15	214.16	251.83	736.89
磷组分	TTP	37.06	17.78	32.17	46.64	133.66
	DTP	9.82	5.64	8.52	14.28	38.26
	DIP	5.40	2.74	3.53	6.01	17.67
	DOP	4.42	2.90	4.99	8.27	20.58
	PTP	27.24	12.14	23.65	32.36	95.40

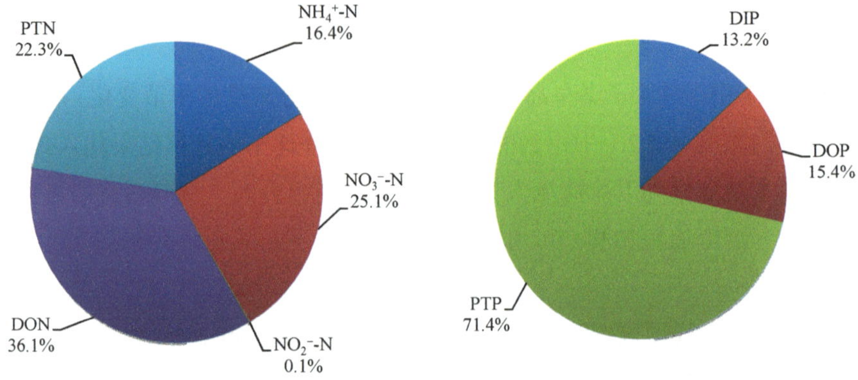

（a）氮　　　　（b）磷

图 7-3　不同形态大气氮磷组分的干沉降通量的相对比例

秦皇岛近岸海域大气中总氮和总磷的干沉降通量分别为 3.3×10^3 kg/（km^2·a）和 1.33×10^2 kg/（km^2·a）。图 7-3 表征了组成 TTN 的 5 种氮组分中干沉降通量的大小顺序为 DON＞NO_3^--N＞PTN＞NH_4^+-N＞NO_2^--N，占 TTN 的比例依次为 36.1%、25.1%、22.3%、16.4%、0.1%，大气气溶胶中的氮组分以水溶性组分为主沉降到秦皇岛近海。组成 TTP 的 3 种磷组分中干沉降通量的占比顺序依次为 PTP＞DOP＞DIP，占 TTP 干沉降通量的比例依次为 71.4%、15.4%和 13.2%，大气气溶胶中的磷组分以非水溶性组分为主沉降到秦皇岛近海。

对比世界各地氮磷组分的大气干沉降通量（表 7-5），可以看出，我国大气氮磷组分的干沉降通量普遍高于国外，一方面与我国大气的氮磷污染状况严重有关，另一方面是由于计算方法的差异。与国内其他地区相比，本研究所在的秦皇岛近岸海域大气中氮组分的干沉降通量估算结果比青岛伏龙山低，比东海（黄龙岛）、大亚湾和九龙江流域高，与黄海西部（千里岩）相近。秦皇岛近岸海域大气中磷组分的干沉降通量比青岛伏龙山、黄海千里岩低，比胶州湾高，与大亚湾相似。

表 7-5　世界各地氮磷组分的大气干沉降通量对比　　单位：kg/（$km^2 \cdot a$）

研究区域	NH_4^+-N	NO_3^--N	DTN	DTP
伏龙山[36]	710	950	2 310	87
黄海西部（千里岩）[35]	400	680	1 650	63
东海（黄龙岛）[276]	97	170	—	—
大亚湾[277]	310	190	600	32
九龙江流域[278]	100～300	76～170	340～760	—
瑞典针叶林[279]	220	270	—	—
美国科罗拉多高山冻原[280]	32	24	—	—
美国切萨皮克湾[281]	300～480	—	—	—
欧洲北海湾[282]	88	86	170	—
胶州湾[34]	411.6	418.6	1 062.6	22.382
秦皇岛近岸海域（本书）	544.0	830.2	2 568.1	38.3

从季节分布来看（图 7-4），除 DON 和 PTN 外，其余组分的干沉降通量均为冬季最高，春季次之，再次为秋季，夏季各类组分的干沉降通量最低。与浓度的季节分布规律不同的是大气中氮磷组分的浓度为秋季略高于春季，而通量分布规律为春季略高于秋季，这是因为秋季灰霾天气时氮磷组分分布在细粒子的比例（72.91%～87.71%）要明显高于春季（54.61%～78.45%），因此造成秋季氮磷组分的沉降速率要明显低于春季，从而导致多数组分在秋季的干沉降通量要低于春季。Duce[13]指出气溶胶干沉降通量的估算不确定性较大，许多关键过程均会影响干沉降速率，特别是污染物在粗粒子上的分布比例[70]，本书的研究结果再次证实了这一点。

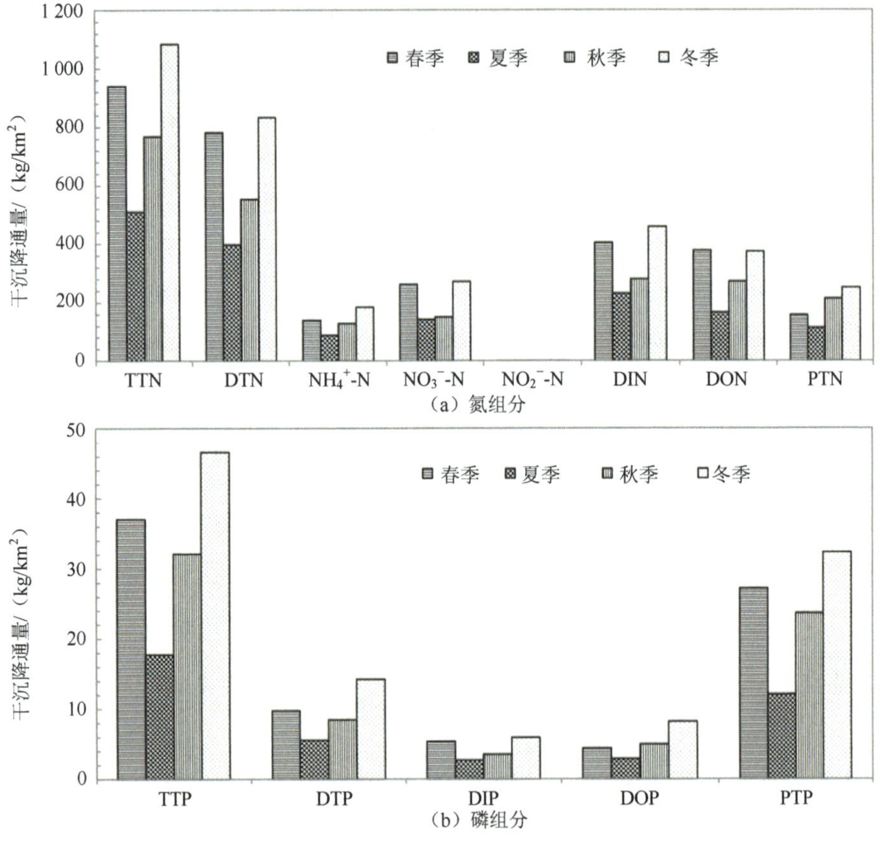

图 7-4　秦皇岛近海大气气溶胶中氮磷组分干沉降通量的季节变化

7.3　大气典型有机污染物的干沉降

半挥发性有机物因为其半挥发性，在颗粒相和气相中同时存在，因此本书所研究的典型有机污染物的干沉降包括颗粒态物质的干沉降和气态物质的干沉降，本节将分别探讨。

7.3.1 颗粒态典型有机污染物的干沉降

7.3.1.1 颗粒态典型有机污染物的沉降速率

基于颗粒态有机污染物的粒径分布特征，计算秦皇岛近海大气中颗粒态 PAHs 的干沉降速率，7 个粒径段的中值粒径分别按照 14 μm、4.4 μm、2.5 μm、1.4 μm、0.78 μm、0.44 μm 和 0.14 μm 进行计算。秦皇岛近岸海域不同季节大气颗粒物中 PAHs 组分的沉降速率计算结果见表 7-6。

表 7-6 秦皇岛近岸海域不同季节大气气溶胶中颗粒态 PAHs 的沉降速率

单位：cm/s

组分名称	春季	夏季	秋季	冬季	全年
Nap	0.592	0.712	0.676	0.775	0.689
Ace	0.375	0.734	0.467	0.577	0.538
Acy	0.668	0.694	0.612	0.747	0.681
Fl	0.641	0.724	0.565	0.747	0.670
Phe	0.475	0.720	0.485	0.584	0.566
Ant	0.390	0.776	0.503	0.616	0.571
Flu	0.278	0.498	0.299	0.365	0.359
Pyr	0.273	0.528	0.339	0.355	0.373
BaA	0.189	0.331	0.238	0.247	0.251
Chr	0.204	0.377	0.205	0.281	0.266
BbF	0.171	0.257	0.186	0.213	0.206
BkF	0.172	0.226	0.179	0.225	0.201
BaP	0.178	0.391	0.163	0.205	0.234
InP	0.189	0.231	0.173	0.196	0.197
DbA	0.222	0.488	0.220	0.240	0.292
BghiP	0.258	0.390	0.242	0.247	0.284

全年秦皇岛近岸海域大气颗粒物中16种PAH单体的沉降速率为0.204～0.690 cm/s。整体上低环PAHs的沉降速率要大于中高环PAHs，这与高环数的PAH单体比低环数的PAHs更易于吸附在细颗粒物中有关。与其他研究采用的沉降速率相比，美国切萨皮克湾[283]大气沉降评估采用的PAHs颗粒物干沉降速率为0.49 cm/s，美国NJADN大气沉降监测网[284]在评估PAHs干沉降时采用的沉降速率为0.5 cm/s，任培芳[107]在计算北黄海大气颗粒态PAHs干沉降时采用的沉降速率为0.2 cm/s，本研究得到的16种PAH单体的沉降速率范围与上述研究具有可比性，但因考虑了特定区域不同季节的水文气象条件和不同单体的粒径分布规律，更具针对性。

本研究未测定SCCPs不同粒径的分布规律，因SCCPs和PAHs均属半挥发性有机物，整体的粒径分布规律有一定的相似性，因此，大气中颗粒态SCCPs的沉降速率可参照16种PAH单体在不同季节沉降速率的平均值来计算，即春季、夏季、秋季和冬季的沉降速率分别为0.330 cm/s、0.505 cm/s、0.347 cm/s和0.414 cm/s。

7.3.1.2 颗粒态典型有机污染物的干沉降

将不同季节16种PAH单体和24种SCCP单体的平均浓度和7.3.1.1中确定的干沉降速率代入式（7-7），计算秦皇岛近岸海域大气颗粒态PAHs和SCCPs的日干沉降通量，估算结果见表7-7和图7-5、表7-8和图7-6。

表7-7 秦皇岛近海大气中不同季节颗粒态PAHs的日干沉降通量

单位：ng/（m^2·d）

PAH单体	环数	春季	夏季	秋季	冬季
Nap	2	126.57	105.85	225.99	239.86
Ace	3	35.31	17.68	83.13	153.13
Acy	3	23.58	13.43	35.78	49.31
Fl	3	153.51	55.93	208.22	456.49
Phe	3	1 574.32	445.01	1 342.74	4 718.70
Ant	3	128.24	38.92	167.40	689.23

PAH 单体	环数	春季	夏季	秋季	冬季
Flu	4	1 099.41	454.62	1 258.01	3 757.78
Pyr	4	1 087.14	471.77	1 491.80	3 793.70
BaA	4	263.12	196.01	462.94	1 052.89
Chr	4	567.60	505.06	772.60	2 192.58
BbF	5	241.95	231.67	194.67	688.12
BkF	5	207.34	106.54	176.44	634.61
BaP	5	236.05	311.86	148.01	641.43
InP	6	208.75	155.39	106.14	410.15
DbA	5	41.20	68.04	27.88	91.59
BghiP	6	249.92	199.42	127.52	382.42
$\sum_p$PAHs	—	6 244.02	3 377.20	6 829.25	19 951.97

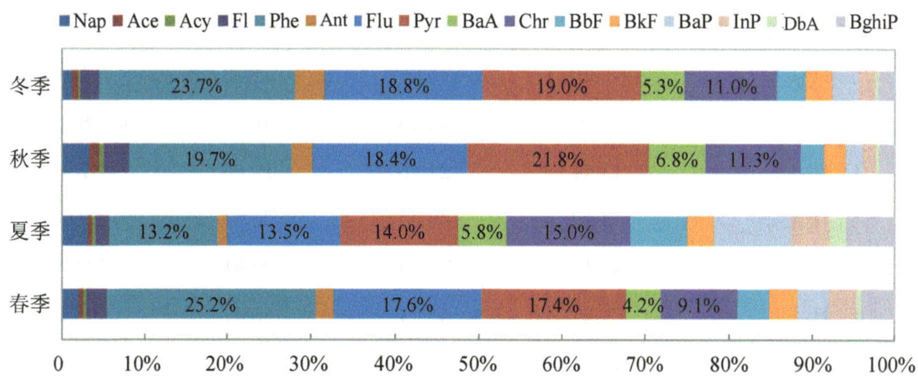

图 7-5 秦皇岛近海大气中 16 种颗粒态 PAH 单体的干沉降通量占比

表 7-8　秦皇岛近海大气中不同季节颗粒态 SCCPs 的日干沉降通量

单位：ng/（$m^2 \cdot d$）

分子式	春季	夏季	秋季	冬季
$C_{10}H_{17}Cl_5$	76.95	126.93	71.59	251.17
$C_{10}H_{16}Cl_6$	31.14	66.64	19.77	111.93
$C_{10}H_{15}Cl_7$	18.91	27.79	33.09	200.23
$C_{10}H_{14}Cl_8$	49.97	77.72	47.07	173.72
$C_{10}H_{13}Cl_9$	41.58	56.17	43.43	184.45
$C_{10}H_{12}Cl_{10}$	61.26	94.38	86.60	623.68
$C_{11}H_{19}Cl_5$	8.37	22.36	13.91	57.54
$C_{11}H_{18}Cl_6$	10.87	21.84	12.47	61.02
$C_{11}H_{17}Cl_7$	8.94	16.14	8.51	39.60
$C_{11}H_{16}Cl_8$	25.41	40.41	21.61	94.85
$C_{11}H_{15}Cl_9$	41.97	58.18	34.84	137.05
$C_{11}H_{14}Cl_{10}$	49.97	62.87	46.10	169.00
$C_{12}H_{21}Cl_5$	16.82	19.30	26.91	160.33
$C_{12}H_{20}Cl_6$	8.50	16.98	11.28	52.19
$C_{12}H_{19}Cl_7$	7.41	12.15	6.60	28.08
$C_{12}H_{18}Cl_8$	13.41	21.16	10.60	37.99
$C_{12}H_{17}Cl_9$	34.19	49.35	26.51	99.96
$C_{12}H_{16}Cl_{10}$	87.11	113.66	75.01	308.51
$C_{13}H_{23}Cl_5$	29.77	45.71	50.42	193.21
$C_{13}H_{22}Cl_6$	15.71	22.66	12.57	46.67
$C_{13}H_{21}Cl_7$	12.24	15.32	9.79	37.35
$C_{13}H_{20}Cl_8$	14.82	19.91	12.80	56.85
$C_{13}H_{19}Cl_9$	24.45	35.79	31.09	170.00
$C_{13}H_{18}Cl_{10}$	60.18	82.03	69.39	441.06
Σ_pSCCPs	749.96	1 125.45	781.94	3 736.44

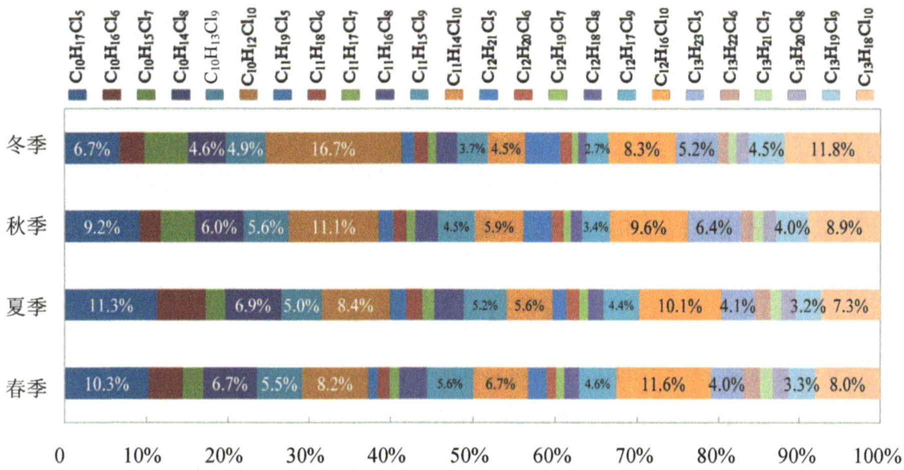

图 7-6 秦皇岛近海大气颗粒物中 24 种 SCCP 单体的干沉降通量占比

（1）颗粒态 PAHs 的干沉降通量。

4 个季节 16 种颗粒态 PAHs 总的日干沉降通量为 3.3×10^3～2.0×10^4 ng/(m^2·d)。从季节变化上看，冬季颗粒态 PAHs 的干沉降通量最高，其次是秋季，再次是春季，夏季最低。这与前述大气中 PAHs 含量的季节变化趋势一致。从不同单体的干沉降通量占比来看，除 3 环中的 Phe 占比较大外，其余低环单体占比均较小，而中环的 4 种 PAH 单体 Flu、Pyr、BaA 和 Chr 对颗粒态 PAHs 干沉降通量的贡献均较大。可见，3 环的 Phe 和 4 种中环的单体 Flu、Pyr、BaA 和 Chr 对颗粒态 PAHs 干沉降通量的贡献最大，春季、夏季、秋季和冬季的贡献分别为 73.5%、61.4%、78.0%和 77.8%。

（2）颗粒态 SCCPs 干沉降通量。

4个季节24种颗粒态 SCCPs 总的日干沉降通量为7.5×10^2～3.7×10^3 ng/(m^2·d)。从季节变化上看，冬季颗粒态 SCCPs 的干沉降通量最高，其次是夏季，春季和秋季相当。除高氯原子数的单体的贡献较大外，从整体上看，24种单体对 SCCPs 的日干沉降通量的贡献无明显差别。

7.3.2 气态典型有机污染物的干沉降

7.3.2.1 算法原理

Whitman 双膜阻力模型常用来评估半挥发性气态有机物的沉降通量，该模型认为有机物从空气相向水相沉降时，需要克服来自水体层和空气层的阻力作用，计算公式如下：

$$F_g = K_{OL}(C_g / H') \tag{7-8}$$

式中，F_g——气态有机物的沉降通量，ng/（$m^2 \cdot d$）；

C_g——大气中气态有机物含量，ng/m^3；

H'——换算后的亨利常数，无量纲，计算公式见式（7-9）；

K_{OL}——总传质系数，m/d，计算公式见式（7-11）。

换算后的亨利常数 H' 计算公式如下：

$$H'=H_T/（RT） \tag{7-9}$$

式中，R——气体常数，$Pa \cdot m^3$/（K·mol），取 8.314；

T——开尔文温度，K；

H_T——温度为 T 时的亨利常数，$Pa \cdot m^3$/mol，计算公式见式（7-10）；

温度为 T 时的亨利常数 H_T 的计算公式如下：

$$\lg H_T=\lg H_{298\,K}+8.76-2\,611/T \tag{7-10}$$

式中，H_{298K}——温度为 298 K 时的亨利常数，$Pa \cdot m^3$/mol。

总传质系数 K_{OL} 与水体层、空气层的传质系数 K_w 和 K_a 的关系见式(7-11)[285]，可换算获得 K_{OL}：

$$\frac{1}{K_{OL}} = \frac{1}{K_w} + \frac{1}{K_a H'} \tag{7-11}$$

式中，K_a——空气层的传质系数，m/d，计算方法见式（7-12）和式（7-13）；

K_w——水体层的传质系数，m/d，计算方法见式（7-16）～式（7-18）。

通过空气层的传质系数 K_a 估算的公式[285]如下：

$$K_a = K_{a,H_2O}（D_{i,air}/ D_{H_2O,air}）^{0.61} \tag{7-12}$$

$$K_{a,H_2O} = 0.2u_{10}+0.3 \tag{7-13}$$

式中，K_a——空气层的传质系数，cm/s；

K_{a,H_2O}——空气层中水的传质系数，cm/s；

u_{10}——10 m 高度处的风速，m/s；

$D_{i,air}$——PAHs/SCCPs 在空气层的扩散速率，cm^2/s，与单体的摩尔质量浓度有关[107]，计算公式见式（7-14）；

$D_{H_2O,air}$——水蒸气在空气层中的扩散速率，cm^2/s，与温度有关[286]，见式（7-15）。

$$D_{i,air}=1.55/M_i^{0.65} \tag{7-14}$$

式中，M_i——单体的摩尔质量浓度。

$D_{H_2O,air}$ 与温度有关，计算公式为[286]

$$D_{H_2O,air}=A+BT+CT^2 \tag{7-15}$$

式中，$A=-0.298\,90$，$B=1.625\,3\times10^{-3}$，$C=7.500\,0\times10^{-7}$。

污染物在水体层的传质系数 K_w 计算方法为[285]

当 $u_{10}\leqslant4.2$ m/s 时

$$K_w=0.65\times10^{-3}\times(Sc/600)^{-0.67} \tag{7-16}$$

当 $4.2<u_{10}\leqslant13$ m/s 时

$$K_w=(0.79\,u_{10}-2.68)\times10^{-3}\times(Sc/600)^{-0.5} \tag{7-17}$$

当 $u_{10}>13$ m/s 时

$$K_w=(1.64\,u_{10}-13.69)\times10^{-3}\times(Sc/600)^{-0.5} \tag{7-18}$$

式中，Sc——施密特数，计算公式见式（7-19）。

施密特数为水的运动黏性系数（μ）与分子扩散率（$D_{i,water}$，m^2/s）的比值，μ 随温度变化，计算公式如下：

$$Sc=\mu/D_{i,water} \tag{7-19}$$

式中，μ——水的动力黏滞系数，m^2/s；

$D_{i,water}$——半挥发性有机物在水中的分子扩散率，计算公式如下。

$$D_{i,water}=2.7\times10^{-4}/M_i^{0.71} \tag{7-20}$$

7.3.2.2 气态 PAHs 的干沉降

将样品浓度、秦皇岛近海 2015 年 8 月—2016 年 8 月全年水文气象参数的季节均值、PAHs 的亨利定律常数（参照陈景文等的研究结果[287]）代入 7.3.2.1 给出的计算方法，得到秦皇岛近海大气中不同季节 16 种气相 PAHs 的日干沉降通量，结果见表 7-9 和图 7-7。

表 7-9　秦皇岛近海大气不同季节气相 PAHs 的日干沉降通量

单位：ng/（$m^2·d$）

PAH 单体	环数	春季	夏季	秋季	冬季
Nap	2	1 473.03	2 152.22	2 976.82	1 944.39
Ace	3	626.50	719.25	1 414.24	877.15
Acy	3	134.81	570.16	839.61	218.45
Fl	3	1 341.63	3 059.82	3 517.26	1 458.08
Phe	3	4 890.51	9 874.88	12 582.58	3 438.89
Ant	3	496.55	861.17	993.10	386.79
Flu	4	1 182.81	3 362.55	3 237.55	787.44
Pyr	4	622.16	1 869.02	2 064.68	438.71
BaA	4	59.94	128.95	148.91	17.46
Chr	4	262.25	414.59	396.92	32.25
BbF	5	66.29	139.86	131.06	19.62
BkF	5	28.39	90.57	61.58	14.22
BaP	5	13.22	18.49	20.46	4.63
InP	6	8.48	14.45	14.30	6.55
DbA	5	1.70	2.61	3.31	1.06
BghiP	6	12.10	20.12	24.15	8.05
$\sum_g$PAHs	—	11 220.36	23 298.72	28 426.53	9 653.72

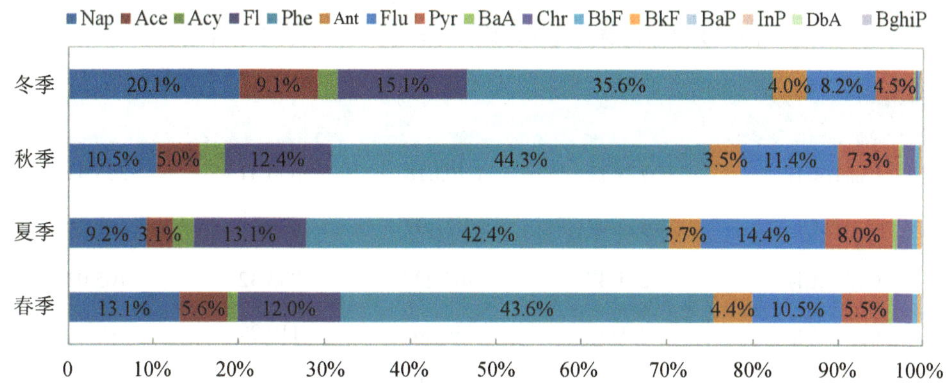

图 7-7　秦皇岛近海大气气相中 16 种 PAH 单体的干沉降通量占比

4 个季节 16 种气相 PAHs 总的日干沉降通量为 9.6×10^3～2.9×10^4ng/（m^2·d），从季节变化上看，夏秋季节气相 PAHs 的干沉降通量明显高于春季和冬季，这与前述大气中 PAHs 含量的季节变化趋势一致。从不同单体的干沉降通量占比来看，中低环 PAHs 在气相 PAHs 干沉降通量中占比较大。其中，3 环的 Phe 占比最大，达 35.6%～44.3%；其次是 2 环的 Nap、3 环的 Fl 和 4 环的 Flu，占比为 8.2%～20.1%；3 环的 Ace 和 Ant、4 环的 Pyr 占比也较高，为 3.1%～9.1%。以上列举的 7 种中低环 PAH 单体对气相中 PAHs 干沉降通量的总贡献达 94%以上，其余 9 种单体的占比不足 6%。

7.3.2.3　气态 SCCPs 的干沉降

按 PAHs 同样的处理方式，将所有样品浓度和秦皇岛近海2015年8月—2016年8月全年水文气象参数按照季节取平均值，SCCPs 的亨利定律常数取自文献[288]，代入7.3.2.1中的计算方法，获取了秦皇岛近海大气中不同季节气态 SCCPs 的日干沉降通量，结果见表7-10和图7-8。

表 7-10 秦皇岛近海大气不同季节气相 SCCPs 的日干沉降通量

单位：ng/（$m^2 \cdot d$）

分子式	春季	夏季	秋季	冬季
$C_{10}H_{17}Cl_5$	777.72	1 705.18	650.31	355.31
$C_{10}H_{16}Cl_6$	572.92	1 821.97	470.18	168.20
$C_{10}H_{15}Cl_7$	271.37	703.22	235.32	105.05
$C_{10}H_{14}Cl_8$	89.06	236.06	119.29	51.23
$C_{10}H_{13}Cl_9$	24.65	53.98	96.36	34.23
$C_{10}H_{12}Cl_{10}$	63.56	52.18	109.21	52.46
$C_{11}H_{19}Cl_5$	71.26	138.14	126.69	44.23
$C_{11}H_{18}Cl_6$	33.18	76.85	173.02	42.25
$C_{11}H_{17}Cl_7$	19.48	50.44	71.97	22.79
$C_{11}H_{16}Cl_8$	18.39	44.86	92.47	31.67
$C_{11}H_{15}Cl_9$	17.52	35.62	83.60	23.06
$C_{11}H_{14}Cl_{10}$	29.84	33.09	92.78	28.36
$C_{12}H_{21}Cl_5$	50.66	86.19	230.57	68.99
$C_{12}H_{20}Cl_6$	13.16	25.27	106.81	18.73
$C_{12}H_{19}Cl_7$	8.55	15.12	84.09	26.62
$C_{12}H_{18}Cl_8$	9.39	18.54	82.04	27.49
$C_{12}H_{17}Cl_9$	10.11	19.59	66.10	15.25
$C_{12}H_{16}Cl_{10}$	45.28	50.31	94.93	24.72
$C_{13}H_{23}Cl_5$	66.55	145.97	130.53	47.81
$C_{13}H_{22}Cl_6$	27.70	42.58	193.84	46.61
$C_{13}H_{21}Cl_7$	16.13	18.86	123.74	39.81
$C_{13}H_{20}Cl_8$	4.55	9.74	77.88	22.35

分子式	春季	夏季	秋季	冬季
$C_{13}H_{19}Cl_9$	5.44	12.39	97.62	28.64
$C_{13}H_{18}Cl_{10}$	17.15	27.65	107.94	26.18
Σ_gSCCPs	2 263.63	5 423.80	3 717.31	1 352.04

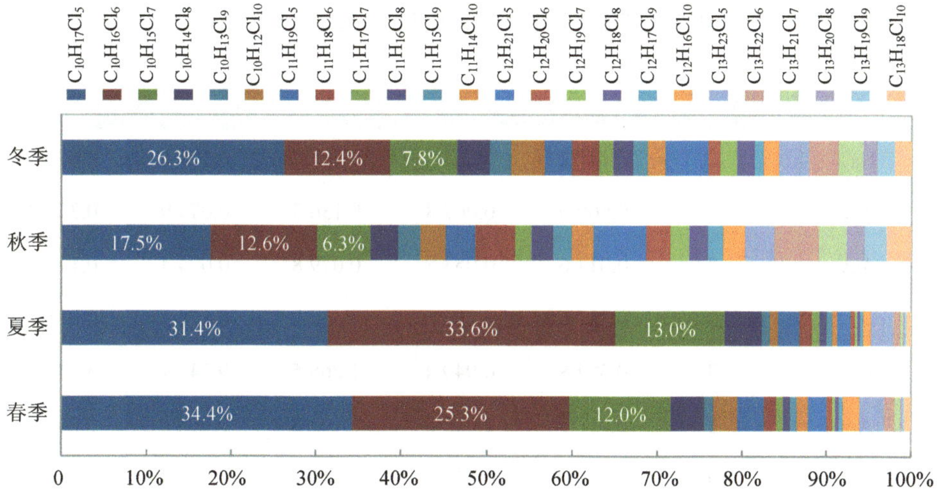

图 7-8 秦皇岛近海大气气相中 24 种 SCCP 单体的干沉降通量占比

4 个季节 24 种气态 SCCPs 总的日干沉降通量为 1.3×10^3～5.5×10^3 ng/(m²·d)，从季节变化上看，夏季 Σ_gSCCPs 的干沉降通量最高，其次是秋季，春季和冬季的 Σ_gSCCPs 的干沉降通量较低。这与大气中气态 SCCPs 浓度的变化趋势一致。从不同单体的干沉降通量占比来看，低碳链的 SCCP 单体在气相 SCCPs 的干沉降通量中占比较大，其中，$C_{10}H_{17}Cl_5$、$C_{10}H_{16}Cl_6$ 和 $C_{10}H_{15}Cl_7$ 为 24 种单体中占比最大的 3 种，春季和夏季 3 种单体对 24 种 SCCPs 的贡献率超过 70%，秋季和冬季也分别高达 36.5%和 46.5%，其余 21 种单体对气态 SCCPs 干沉降通量的贡献率均较低。

7.3.3 典型有机污染物的干沉降通量

按照春季 92 天、夏季 92 天、秋季 91 天、冬季 91 天的季节划分习惯，计算颗粒态和气态各个季节单位面积的干沉降通量，并在此基础上计算全年单位面积的干沉降通量，计算结果见表 7-11、表 7-12 和图 7-9。

表 7-11 秦皇岛近海大气中 PAHs 的干沉降通量（颗粒态+气态）

单位：kg/km^2

PAH 单体	环数	春季	夏季	秋季	冬季	全年
Nap	2	0.147 2	0.207 7	0.291 7	0.199 0	0.845 6
Ace	3	0.060 9	0.067 8	0.136 3	0.093 9	0.358 9
Acy	3	0.014 6	0.053 8	0.079 8	0.024 4	0.172 5
Fl	3	0.137 6	0.286 6	0.339 2	0.174 7	0.938 1
Phe	3	0.594 8	0.949 4	1.268 5	0.747 1	3.559 8
Ant	3	0.057 5	0.082 8	0.105 8	0.098 6	0.344 7
Flu	4	0.210 0	0.351 2	0.410 4	0.417 4	1.388 9
Pyr	4	0.157 3	0.215 4	0.325 1	0.388 9	1.086 7
BaA	4	0.029 7	0.029 9	0.056 1	0.098 5	0.214 2
Chr	4	0.076 3	0.084 6	0.107 2	0.204 7	0.472 8
BbF	5	0.028 4	0.034 2	0.029 8	0.065 1	0.157 5
BkF	5	0.021 7	0.018 1	0.021 8	0.059 7	0.121 3
BaP	5	0.022 9	0.030 4	0.015 5	0.059 4	0.128 2
InP	6	0.020 0	0.015 6	0.011 1	0.038 3	0.085 0
DbA	5	0.003 9	0.006 5	0.002 9	0.008 5	0.021 8
BghiP	6	0.024 1	0.020 2	0.013 9	0.035 9	0.094 1
Σ_{p+g}PAHs	—	1.606 7	2.454 3	3.215 2	2.714 1	9.990 3

表 7-12　秦皇岛近海大气中 SCCPs 的干沉降通量（颗粒态+气态）

单位：kg/km²

分子式	春季	夏季	秋季	冬季	全年
$C_{10}H_{17}Cl_5$	0.078 6	0.168 6	0.066 4	0.055 8	0.369 4
$C_{10}H_{16}Cl_6$	0.055 6	0.173 8	0.045 1	0.025 8	0.300 2
$C_{10}H_{15}Cl_7$	0.026 7	0.067 3	0.024 6	0.028 1	0.146 7
$C_{10}H_{14}Cl_8$	0.012 8	0.028 9	0.015 3	0.020 7	0.077 7
$C_{10}H_{13}Cl_9$	0.006 1	0.010 1	0.012 9	0.020 1	0.049 2
$C_{10}H_{12}Cl_{10}$	0.011 5	0.013 5	0.018 0	0.062 2	0.105 2
$C_{11}H_{19}Cl_5$	0.007 3	0.014 8	0.012 9	0.009 4	0.044 4
$C_{11}H_{18}Cl_6$	0.004 1	0.009 1	0.017 1	0.009 5	0.039 8
$C_{11}H_{17}Cl_7$	0.002 6	0.006 1	0.007 4	0.005 7	0.021 8
$C_{11}H_{16}Cl_8$	0.004 0	0.007 8	0.010 5	0.011 6	0.034 0
$C_{11}H_{15}Cl_9$	0.005 5	0.008 6	0.010 9	0.014 7	0.039 7
$C_{11}H_{14}Cl_{10}$	0.007 3	0.008 8	0.012 8	0.018 2	0.047 1
$C_{12}H_{21}Cl_5$	0.006 2	0.009 7	0.023 7	0.021 1	0.060 7
$C_{12}H_{20}Cl_6$	0.002 0	0.003 9	0.010 9	0.006 5	0.023 3
$C_{12}H_{19}Cl_7$	0.001 5	0.002 5	0.008 3	0.005 0	0.017 3
$C_{12}H_{18}Cl_8$	0.002 1	0.003 7	0.008 5	0.006 0	0.020 3
$C_{12}H_{17}Cl_9$	0.004 1	0.006 3	0.008 5	0.010 6	0.029 5
$C_{12}H_{16}Cl_{10}$	0.012 2	0.015 1	0.015 6	0.030 7	0.073 6
$C_{13}H_{23}Cl_5$	0.008 9	0.017 6	0.016 6	0.022 2	0.065 3
$C_{13}H_{22}Cl_6$	0.004 0	0.006 0	0.019 0	0.008 6	0.037 6
$C_{13}H_{21}Cl_7$	0.002 6	0.003 1	0.012 3	0.007 1	0.025 1
$C_{13}H_{20}Cl_8$	0.001 8	0.002 7	0.008 3	0.007 3	0.020 1

分子式	春季	夏季	秋季	冬季	全年
$C_{13}H_{19}Cl_9$	0.002 8	0.004 4	0.011 8	0.018 3	0.037 3
$C_{13}H_{18}Cl_{10}$	0.007 1	0.010 1	0.016 3	0.043 0	0.076 5
Σ_{p+g}SCCPs	0.277 4	0.602 5	0.413 8	0.468 1	1.761 8

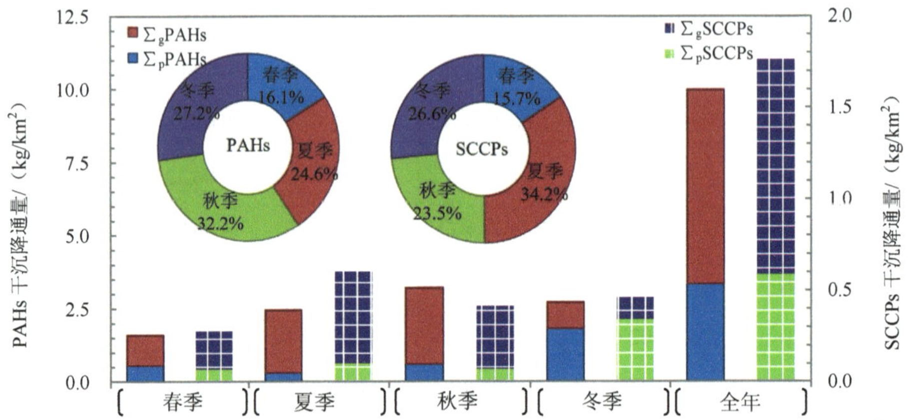

污染物种类		春季	夏季	秋季	冬季	全年
PAHs	Σ_pPAHs	0.574	0.311	0.628	1.836	3.349
	Σ_gPAHs	1.032	2.144	2.587	0.878	6.641
	ΣPAHs	1.607	2.454	3.215	2.714	9.990
SCCPs	Σ_pSCCPs	0.069	0.104	0.072	0.344	0.588
	Σ_gSCCPs	0.208	0.499	0.342	0.124	1.174
	ΣSCCPs	0.277	0.603	0.414	0.468	1.762

图 7-9 秦皇岛近海大气中 16 种 PAHs 和 24 种 SCCPs 的干沉降通量

全年 16 种 PAHs 的沉降通量为 9.99 kg/km^2，秋冬季节的沉降通量要高于夏季和春季；24 种 SCCPs 的全年干沉降通量为 1.8 kg/km^2，季节变化趋势与 PAHs 不同，夏季干沉降通量最高，秋冬季节稍低，春季最低。对 PAHs 干沉降通量贡献较高的单体为 Chr、BkF、BaP、BaA 和 Ant，累计贡献率为 78.3%，5 种单体均为 2 环、3 环和 4 环的单体，可见中低环 PAHs 对干沉降通量的贡献较大；对 SCCPs 干沉降通量贡献较高的单体为 $C_{10}H_{17}Cl_5$、$C_{10}H_{16}Cl_6$、$C_{10}H_{15}Cl_7$ 和 $C_{10}H_{12}Cl_{10}$，累计贡献率为 52.3%，4 种单体的碳原子数均为 10，可见低碳链单体对 SCCPs 干沉降通量的贡献较大。此外，从颗粒态和气态干沉降通量的占比来看（图 7-9），全年 PAHs 和 SCCPs 的干沉降均以气相沉降为主，气相干沉降通量占总干沉降通量的比例分别为 66.5%和 66.6%。4 个季节中，冬季 PAHs 和 SCCPs 的干沉降均以颗粒相沉降为主，颗粒相干沉降通量占总干沉降通量的比例分别为 67.6%和 73.4%，其余季节均以气相干沉降为主，尤其是夏秋季节的气相沉降通量占比更高，达 80%以上。

7.4 干沉降总量

前述干沉降通量评估主要描述了大气气溶胶中氮磷组分和典型有机污染物以干沉降形式向秦皇岛近岸海域输入物质的速率，然而大气干沉降对秦皇岛近岸污染物输入的总量贡献怎样？本节在干沉降通量评估的基础上进一步估算秦皇岛近岸海域经由大气干沉降向海域输入的典型污染物总量，并以氮磷组分为例，与陆源污染源（入海排污口+河流）的输入量进行比较。

秦皇岛近岸海域大气氮磷组分、PAHs 和 SCCPs 的年沉降总量的估算方法见式（7-21）。

$$D = F \cdot S \tag{7-21}$$

式中，D——干沉降总量，kg；

F——污染物 i 的干沉降通量，kg/km^2；

S——秦皇岛近岸海域的面积，以离岸12海里的平行线与岸线之间的区域来确定，按1 880 km^{2}计。

秦皇岛近岸海域一年间经由大气干沉降形式输入的总氮、总磷、PAHs 和 SCCPs 的总量分别为 6.2×10^3 t、2.5×10^2 t、19 t 和 3.3 t。大气中氨氮的总沉降量为 1.0×10^3 t/a，与陆源 2006—2013 年多年的平均入海量（1.2×10^3 t/a）（来源于原国家海洋局业务化监测数据）相当；而总磷的总沉降量为 2.5×10^2 t/a，明显小于该区域陆源 2006—2013 年多年的平均入海量（1.2×10^3 t/a）（来源于原国家海洋局业务化监测数据）。可见，大气干沉降对秦皇岛近岸海域的磷输入贡献较小，而大气干沉降对秦皇岛近岸海域的氮输入贡献较大，如果再考虑湿沉降，氮的大气沉降贡献会更大。近年来，我国海域的综合治理通常是试图通过控制或消减陆源污染输入的总量，来达到海域环境治理的目标，然而本书的结论显示，秦皇岛近岸海域大气沉降对海域氮污染的贡献不可忽视。

7.5 小结

（1）本研究运用改进的 Williams 模型参数化方案，基于污染组分在不同粒径段的分布特征得到的大气颗粒态 PO_4^{3-}-P、NO_2^--N、NO_3^--N、NH_4^+-N、DTP-P、DTN-N、PTP、PTN 的沉降速率分别为 1.414 cm/s、0.670 cm/s、0.546 cm/s、0.297 cm/s、1.732 cm/s、0.629 cm/s、2.271 cm/s、1.191 cm/s，16 种 PAH 单体颗粒物干沉降速率在 0.204～0.690 cm/s。大气颗粒态污染物在粗粒子上的分布比例是对干沉降速率影响最大的因素。

（2）秦皇岛近岸海域大气颗粒物中总氮和总磷的干沉降通量分别为 3.3×10^3 kg/（km^2·a）和 1.3×10^2 kg/（km^2·a），与其他地区氮磷组分的干沉降通量相比，处于较高水平。大气气溶胶中的氮组分以水溶性组分为主的形式沉降到秦皇岛近海，磷组分则以非水溶性组分为主的形式沉降到秦皇岛近海。受污染组分浓度和粒径分布的季节差异的影响，多数氮磷组分的干沉降通量在冬季最高，春季次之，再次为秋季和夏季。

（3）秦皇岛近岸海域 16 种 PAHs 的全年干沉降通量为 9.99 kg/（km^2·a），秋冬季节的干沉降通量要高于夏季和春季；24 种 SCCPs 的全年干沉降通量为 1.8 kg/（km^2·a），夏季的干沉降通量最高。中低环 PAHs 对干沉降量的贡献较大，低碳链单体对 SCCPs 干沉降通量的贡献较大。全年 PAHs 和 SCCPs 的干沉降均以气相沉降为主，其气相沉降通量占总干沉降通量的比例分别为 66.5%和 66.6%，冬季 PAHs 和 SCCPs 的干沉降均以颗粒相沉降为主，其余季节均以气相干沉降为主。

（4）秦皇岛近岸海域一年间经由大气干沉降形式输入的总氮、总磷、PAHs 和 SCCPs 的总量分别为 6.2×10^3 t、2.5×10^2 t、19 t 和 3.3 t。大气颗粒物的干沉降对海域氨氮的输入总量与陆源输入量相当，而磷的输入总量低于陆源输入量。

8

结论与展望

8.1 主要结论

本书以秦皇岛近岸海域为目标区域，以与富营养化相关的生源要素氮、磷和典型有机污染物为对象，开展连续一年的大气气溶胶和有机气体采样，系统研究其在近岸海洋大气中的污染特征、来源和干沉降，主要结论如下：

（1）秦皇岛近海大气 TSP 中总氮的含量均值为 1.0×10^3 nmol/m^3，以水溶性组分为主（占比达 92%），总磷的含量均值为 9.5×10^2 nmol/m^3，以非水溶性组分为主（占比达 62%）。氮磷组分含量呈冬季高、夏季低的趋势。灰霾天气条件下，水溶性氮磷组分的含量增加显著，而沙尘天气条件下，非水溶性氮磷组分含量的增加更明显。水溶性氮组分主要分布于细粒径段，NH_4^+-N 在细粒子部分的占比达 93%以上，NO_3^--N 在春季和夏季分别受氯亏损和沙尘天气的影响，在 3.2～5.6 μm 的粗粒子模态也出现峰值。从大气氮磷组分的粒径分布来看，磷组分在粗粒径段的比例较氮组分在粗粒径段的比例要高，其中 PTP 在粗粒子段的占比达 47%。

（2）秦皇岛近海大气中 PAHs（颗粒相+气相）的含量均值为 95 ng/m^3。冬季颗粒相 PAHs 占主导地位，其余季节气相占比高。不同单体的 PAHs 在气相中的季节性变化并不明显，而颗粒相中的 PAHs 存在季节变化，特别是对于 5～6 环的 PAHs，冬季比例偏低，为 10%～28%，夏季比例偏高，为 22%～61%。对气固分配比的陆海差异的分析表明，陆地与海上之间 K_P 无显著差异，冬季采暖期一次排放的 PAHs 对其气固分配比具有重要影响，夏季气固分配受温度和湿度的影响比较显著。Σ_pPAHs 更易于附着在<1.8 μm 的细颗粒物上，且高环 PAHs 比低环 PAHs 更易于赋存在细颗粒中。

（3）秦皇岛近海大气中 SCCPs 的含量均值为 19 ng/m^3，在全球范围内处于中高水平，可能与我国 SCCPs 的生产量和使用量有关，需要指出的是，我国并未对氯化石蜡的使用采取有效的管控措施。从全年来看，SCCPs 主要分布在气相中，颗粒相中 SCCPs 的比例仅占 27%。冬季颗粒相中的含量高达 61%，其余季节均为气相含量高于颗粒相，其中夏季气相占比高达 92%。低碳链的 SCCPs 在 TSP 中占比均较高，低氯化程度的 SCCPs 在气相中占比较高，而高氯化程度的 SCCPs 在颗粒相中占比较高，这种以低碳链为主的单体分布特征与我国 SCCPs 产品中的组成存在一定的关联性。气固分配的研究结果表明，Σ_gSCCPs 随着温度的降低呈指数降低趋势，Σ_pSCCPs 随温度的降低呈线性升高趋势，低碳链、低氯化程度单体的气固分配受温度的影响更为显著。研究也发现，Σ_gSCCPs 随湿度增加线性升高，而 Σ_pSCCPs 随湿度增加指数降低。$\lg K_P-\lg P_L^0-\lg K_{OA}$ 模型回归分析表明，大气中 SCCPs 的气固分配未达到平衡状态，大气中 SCCPs 的气固分配以吸收作用为主。

（4）受污染物理化性质和来源的影响，大气中的氮磷组分和 SCCPs 在中小尺度范围内浓度空间差异不明显，而 PAHs 在 12 海里之内表现出了明显的源-汇效应。颗粒相中 PAHs 的递减率比气相更明显，冬季颗粒相中高分子量的 PAH 单体的递减作用更明显。

（5）潜在源区分析结果表明，对秦皇岛近岸海域大气中氮磷组分贡献较大的潜在源区为京津冀地区、内蒙古自治区和蒙古国，3 个区域对氮磷组分的累计贡献度分别为 68.3%和 70.1%；对 PAHs（颗粒相+气相）贡献较大的为京津冀地区和内蒙古自治区，累计贡献度达 50.6%。从污染源类型来看，秦皇岛近岸海域大气中 PAHs 主要来源于石油燃烧（汽车尾气）和燃煤取暖、生物质燃烧，石油化工排放并不是秦皇岛近海大气中 PAHs 的主要来源。

（6）秦皇岛近岸海域大气颗粒态总氮和总磷的干沉降通量分别为 3.3×10^3 kg/

（km^2·a）和 1.3×10^2 kg/（km^2·a）。大气干沉降中的水溶性氮组分超过非水溶性氮组分的数倍，而非水溶性磷组分则超过水溶性磷组分，氮磷组分的干沉降通量一般在冬季最高，夏、秋季节较低。秦皇岛近岸海域中 16 种 PAHs 的全年干沉降通量为 9.99 kg/（km^2·a），秋、冬季节的干沉降通量要高于夏季和春季；24 种 SCCPs 的全年沉降通量为 1.8 kg/（km^2·a），夏季干沉降通量最高（占全年的 34.2%）。全年 PAHs 和 SCCPs 的干沉降均以气相沉降为主，其占比分别为 66.5%和 66.6%。秦皇岛近岸海域一年间通过大气 TSP 干沉降输入的总氮、总磷以及 TSP 和气态输入的 PAHs 和 SCCPs 的总量分别为 6.2×10^3 t、2.5×10^2 t、19 t 和 3.3t。与河流陆源输入量（河流+排污口）相比，大气 TSP 干沉降氨氮的输入量（1.0×10^3 t/a）与陆源输入量（1.2×10^3 t/a）相当，而磷的输入量（2.5×10^2 t/a）低于河流陆源输入量（1.2×10^3 t/a），大气干沉降中 N/P 比远大于 16，这可能会加剧秦皇岛近岸海域的磷限制。

8.2 本书亮点

本书亮点主要体现在以下 3 个方面：

（1）开展大气 TSP 中氮磷组分的全形态研究，将大气中氮磷组分的研究从水溶性组分拓展到非水溶性组分，探讨氮磷组分在不同天气条件下的溶解性，得到了大气中氮组分以水溶性为主、磷组分以非水溶性为主的结论。这有助于进一步评估氮、磷的海洋生物地球化学循环过程，揭示人类活动影响下的近海海-气交换特征。

（2）系统研究秦皇岛近海海域大气典型有机污染物的气固分配以及季节和时间尺度特征，本研究聚焦 SCCPs 这一新型 POPs，尝试开展秦皇岛近海大气中典型有机物的区域解析，并定量计算了大气中 PAHs 潜在源区的贡献率。

（3）基于大气颗粒物中污染组分的粒径分布特征，计算不同季节大气中颗粒态氮磷组分和典型有机污染物的干沉降通量，尤其是 PAHs 和 SCCPs 不同单体的干沉降通量，提升了人们对大气典型有机污染物沉降入海的认知。

8.3 不足与展望

（1）考虑到非水溶性氮组分和磷组分对水生生物的潜在影响，尤其是非水溶性磷组分在大气气溶胶中的占比较高，今后的研究工作中有必要增加对大气中非水溶性营养物质的关注。

（2）书中探索性地定量计算了潜在源区的贡献率，对于当前的大气污染区域协同整治具有一定的应用价值，但该定量计算方法略显粗糙，可作为今后进一步深入研究的方向。

（3）污染物的粒径分布对颗粒物的沉降速率有重要影响，尤其是对粗粒径段的分布比例影响更大，本研究受采样仪器限制，粗粒径的分区并不是十分精细。在今后的研究中，精细化粗粒子区间的采样和观测方法，积累更多的观测数据是准确估算大气污染物的干沉降速率和干沉降通量，全面了解大气污染物的传输和迁移行为的有效途径。

参考文献

[1] Galloway J N，Leach A M，Bleeker A，et al. A chronology of human understanding of the nitrogen cycle[J]. Philosophical Transactions of the Royal Society B Biological Sciences，2013，368（1621）：1-11.

[2] 高会旺. 海洋污染防治需陆海空联手[J]. 电力科技与环保，2018，34（4）：27.

[3] 邢建伟，宋金明，袁华茂，等. 胶州湾生源要素的大气沉降及其生态效应研究进展[J]. 应用生态学报，2017，28（1）：353-366.

[4] Loughner C P，Tzortziou M，Shroder S，et al. Enhanced dry deposition of nitrogen pollution near coastlines：A case study covering the Chesapeake Bay estuary and Atlantic Ocean coastline[J]. Journal of Geophysical Research：Atmospheres，2016，121（23）：214-221.

[5] Wu Y，Zhang J，Liu S，et al. Aerosol concentrations and atmospheric dry deposition fluxes of nutrients over Daya Bay，South China Sea[J]. Marine Pollution Bulletin，2018，128：106-114.

[6] Medinets S，Medinets V. Investigations of atmospheric wet and dry nutrient deposition to marine surface in western part of the black sea[J]. Turkish Journal of Fisheries and Aquatic Sciences，2012，12（2）：497-505.

[7] Song J. Biogeochemical processes of biogenic elements in China marginal seas[M]. Heidelberg：Springer Berlin，2010.

[8] Latimer J S，Zheng J. The sources，transport，and fate of PAHs in the marine environment[M]. New York：John Wiley & Sons，Ltd，2003.

[9] Jurado E，Jaward F M，Lohmann R，et al. Atmospheric dry deposition of persistent organic pollutants to the Atlantic and inferences for the global oceans[J]. Environmental Science & Technology，2004，38（21）：5505-5513.

[10] Walker S E，Dickhut R M，Chisholm-Brause C. Polycyclic aromatic hydrocarbons in a highly industrialized urban estuary：Inventories and trends[J]. Environ Toxicol Chem，2004，23（11）：

2655-2664.

[11] Menzie C A，Hoeppner S S，Cura J J，et al. Urban and suburban storm water runoff as a source of polycyclic aromatic hydrocarbons（PAHs）to Massachusetts Estuarine and coastal environments[J]. Estuaries，2002，25（2）：165-176.

[12] 王亚韡，王莹，江桂斌. 短链氯化石蜡的分析方法、污染现状与毒性效应[J]. 化学进展，2017，29（9）：919-929.

[13] Duce R A，Liss P S，Merrill J T，et al. The atmospheric input of trace species to the world ocean[J]. Global Biogeochemical Cycles，1991，5（3）：193-259.

[14] Gesamp. Atmospheric input of trace species to the world oceans[R]. Geneva Switzerand World Meteomlogical Orgamzation，1989，38：1-111.

[15] Krishnamurthy A，Moore J K，Mahowald N，et al. Impacts of atmospheric nutrient inputs on marine biogeochemistry[J]. Journal of Geophysical Research，2010，115（G1）：1-13.

[16] Duce R A，Laroche J，Altieri K，et al. Impacts of atmospheric anthropogenic nitrogen on the open ocean[J]. Science，2008，320（5878）：893-897.

[17] Schaefer S C，Alber M. Temporal and spatial trends in nitrogen and phosphorus inputs to the watershed of the Altamaha River，Georgia，USA[J]. Biogeochemistry，2007，86（3）：231-249.

[18] Smil，Vaclav. Phosphorus in the environment：Natural flows and human interferences[J]. Annual Review of Energy & the Environment，2000，25：53-58.

[19] Liu F，Xu Y，Liu J，et al. Atmospheric deposition of polycyclic aromatic hydrocarbons（PAHs） to a coastal site of Hong Kong，South China[J]. Atmospheric Environment，2013，69：265-272.

[20] Galloway J N，Dentener F J，Capone D G，et al. Nitrogen cycles：past，present，and future[J]. Biogeochemistry，2004，70（2）：153-226.

[21] Cornell S E，Jickells T D，Cape J N，et al. Organic nitrogen deposition on land and coastal environments：A review of methods and data[J]. Atmospheric Environment，2003，37（16）：2173-2191.

[22] Pryor S C，Lotte Sørensen L. Dry deposition of reactive nitrogen to marine environments：

Recent advances and remaining uncertainties[J]. Marine Pollution Bulletin，2002，44（12）：1336-1340.

[23] Paerl H W，Dennis R L，Whitall D R. Atmospheric deposition of nitrogen：implications for nutrient over-enrichment of coastal waters[J]. Estuaries，2002，25（4）：677-693.

[24] Li Y，Fu T，Yu J Z，et al. Dissecting the contributions of organic nitrogen aerosols to global atmospheric nitrogen deposition and implications for ecosystems[J]. National Science Review，2023，10（1）：244.

[25] Cornell S，Randell A，Jickells T. Atmospheric inputs of dissolved organic nitrogen to the oceans[J]. Nature，1995，376（6537）：243-246.

[26] Krupa S V. Sampling and physico-chemical analysis of precipitation：A review[J]. Environmental Pollution，2002，120（3）：565-594.

[27] Clark L L，Ingall E D，Benner R. Marine phosphorus is selectively remineralized[J]. Nature，1998，393（6684）：426.

[28] Paytan A，Mclaughlin K. The oceanic phosphorus cycle[J]. Chemical Reviews，2007，107（2）：563-576.

[29] 尹琳琳. 乌梁素海大气氮、磷营养盐及重金属沉降的分异规律与入湖量核算[D]. 呼和浩特：内蒙古农业大学，2014.

[30] Wu J，Gao W，Liang Y，et al. Spatial distribution and the evolution features of short chain chlorinated paraffins in the atmosphere at Shergyla Mountain and Lhasa on the Tibetan Plateau of China[J]. Environmental Science & Technology，2017，51：11136-11144.

[31] He J，Balasubramanian R，Burger D F，et al. Dry and wet atmospheric deposition of nitrogen and phosphorus in Singapore[J]. Atmospheric Environment，2011，45（16）：2760-2768.

[32] Shi J，Gao H，Qi J，et al. Sources，compositions，and distributions of water-soluble organic nitrogen in aerosols over the China Sea[J]. Journal of Geophysical Research，2010，115（D17）：1-13.

[33] Srinivas B，Sarin M M. Atmospheric deposition of N，P and Fe to the Northern Indian Ocean：Implications to C- and N-fixation[J]. Science of The Total Environment，2013，456-457：104-114.

[34] Xing J，Song J，Yuan H，et al. Water-soluble nitrogen and phosphorus in aerosols and dry deposition in Jiaozhou Bay，North China：Deposition velocities，origins and biogeochemical implications[J]. Atmospheric Research，2018，207：90-99.

[35] 韩丽君. 东黄海大气干湿沉降营养盐的化学组分特征和来源解析研究[D]. 青岛：中国海洋大学，2013.

[36] 朱玉梅. 东、黄海大气沉降中营养盐的研究[D]. 青岛：中国海洋大学，2011.

[37] Martino M，Hamilton D，Baker A R，et al. Western Pacific atmospheric nutrient deposition fluxes，their impact on surface ocean productivity[J]. Global Biogeochemical Cycles，2014，28（7）：712-728.

[38] Li J，Fang Y，Yoh M，et al. Organic nitrogen deposition in precipitation in metropolitan Guangzhou city of southern China[J]. Atmospheric Research，2012，113：57-67.

[39] Kanakidou M，Duce R A，Prospero J M，et al. Atmospheric fluxes of organic N and P to the global ocean[J]. Global Biogeochemical Cycles，2012，26（3）：1-12.

[40] 张瑞峰，祁建华，丁雪，等. 青岛近海及黄渤海大气气溶胶中不同形态氮磷质量浓度及组成特征[J]. 环境科学，2018，39（1）：38-48.

[41] Izquierdo R，Benítez-Nelson C R，Masqué P，et al. Atmospheric phosphorus deposition in a near-coastal rural site in the NE Iberian Peninsula and its role in marine productivity[J]. Atmospheric Environment，2012，49：361-370.

[42] Chen H，Fang T，Preston M R，et al. Characterization of phosphorus in the aerosol of a coastal atmosphere：Using a sequential extraction method[J]. Atmospheric Environment，2006，40（2）：279-289.

[43] Shi J，Zhang J，Gao H，et al. Concentration，solubility and deposition flux of atmospheric particulate nutrients over the Yellow Sea[J]. Deep Sea Research Part Ⅱ：Topical Studies in Oceanography，2013，97：43-50.

[44] 于丽敏，祁建华，孙娜娜，等. 南、黄海及青岛地区大气气溶胶中无机氮组分的研究[J]. 环境科学学报，2007（2）：319-325.

[45] Fu J，Wang B，Chen Y，et al. The influence of continental air masses on the aerosols and nutrients deposition over the western North Pacific[J]. Atmospheric Environment，2018，172：1-11.

[46] Matsumoto K，Yamamoto Y，Nishizawa K，et al. Origin of the water-soluble organic nitrogen in the maritime aerosol[J]. Atmospheric Environment，2017，167：97-103.

[47] Markaki Z，Oikonomou K，Kocak M，et al. Atmospheric deposition of inorganic phosphorus in the levantine basin，eastern mediterranean：Spatial and temporal variability and its role in seawater productivity[J]. Limnology and Oceanography，2003，48（4）：1557-1568.

[48] Zhang Y，Yu Q，Ma W，et al. Atmospheric deposition of inorganic nitrogen to the eastern China seas and its implications to marine biogeochemistry[J]. Journal of Geophysical Research，2010，115：1-10 .

[49] Ridame C，Guieu C. Saharan input of phosphate to the oligotrophic water of the open western Mediterranean Sea[J]. Limnology and Oceanography，2002，47（3）：856-869.

[50] Vegter F，Visscher P R M D. Nutrients and phytoplankton primary production in the marine tidal oosterschelde estuary（The Netherlands）[J]. Hydrobiological Bulletin，1987，21（2）：149-158.

[51] Burford M A，Alongi D M，Mckinnon A D，et al. Primary production and nutrients in a tropical macrotidal estuary，Darwin Harbour，Australia[J]. Estuarine，Coastal and Shelf Science，2008，79（3）：440-448.

[52] Carpenter E J，Dunham S. Nitrogenous nutrient uptake，primary production，and species composition of phytoplankton in the Carmans River Estuary，Long Island，New York[J]. Limnology and Oceanography，1985，30（3）：513-526.

[53] Wang L，Bi Y，Zhang G，et al. Simulated nutrient dissolution of Asian aerosols in various atmospheric waters：Potential links to marine primary productivity[J]. Atmospheric Environment，2017，164：224-238.

[54] Baker A R，Jickells T D，Witt M，et al. Trends in the solubility of iron，aluminium，manganese and phosphorus in aerosol collected over the Atlantic Ocean[J]. Marine Chemistry，2006，98（1）：43-58.

[55] Graham W F，Duce R A. The atmospheric transport of phosphorus to the western North Atlantic[J]. Atmospheric Environment，1982，16（5）：1089-1097.

[56] Yu Y，Song J，Li X，et al. Distribution，sources and budgets of particulate phosphorus and nitrogen in the East China Sea[J]. Continental Shelf Research，2012，43：142-155.

[57] Shen Z，Zhou S，Pei S. Transfer and transport of phosphorus and silica in the turbidity maximum zone of the Changjiang estuary[J]. Estuarine，Coastal and Shelf Science，2008，78（3）：481-492.

[58] Zhang S，Ji H，Yan W，et al. Composition and flux of nutrients transport to the Changjiang Estuary[J]. Journal of Geographical Sciences，2003，13（1）：3-12.

[59] Abril G，Riou S A，Etcheber H，et al. Transient，tidal time-scale，nitrogen transformations in an estuarine turbidity maximum—fluid mud system（the Gironde，South-west France）[J]. Estuarine，Coastal and Shelf Science，2000，50（5）：703-715.

[60] Yoshimura T，Nishioka J，Saito H，et al. Distributions of particulate and dissolved organic and inorganic phosphorus in North Pacific surface waters[J]. Marine Chemistry，2007，103（1-2）：112-121.

[61] Labry C，Youenou A，Delmas D，et al. Addressing the measurement of particulate organic and inorganic phosphorus in estuarine and coastal waters[J]. Continental Shelf Research，2013，60：28-37.

[62] Liu W，Wang Y，Chen Y，et al. Polycyclic aromatic hydrocarbons in ambient air，surface soil and wheat grain near a large steel-smelting manufacturer in northern China[J]. Journal of Environmental Sciences，2017，57：93-103.

[63] Qi J H，Shi J H，Gao H W，et al. Atmospheric dry and wet deposition of nitrogen species and its implication for primary productivity in coastal region of the Yellow Sea，China[J]. Atmospheric Environment，2013，81：600-608.

[64] Tang I N. Thermodynamic and optical properties of mixed - salt aerosols of atmospheric importance[J]. Journal of Geophysical Research：Atmospheres，1997，102（D2）：1883-1893.

[65] Tang I N，Munkelwitz H R. Water activities，densities，and refractive indices of aqueous sulfates and sodium nitrate droplets of atmospheric importance[J]. Journal of Geophysical Research：Atmospheres，1994，99（D9）：18801-18808.

[66] 于丽敏，祁建华，石金辉，等. 青岛大气气溶胶中无机氮组分的粒径分布特征[J]. 海洋

环境科学，2010，29（4）：457-463.

[67] Qi J H，Gao H W，Yu L M，et al. Distribution of inorganic nitrogen-containing species in atmospheric particles from an island in the Yellow Sea[J]. Atmospheric Research，2011，101（4）：938-955.

[68] 颜鹏，毛节泰，杨东贞，等. 临安一次沙尘暴过程影响气溶胶物理化学特性演变的初步分析[J]. 第四纪研究，2004，24（4）：437-446.

[69] Horváth L. On the vertical flux of gaseous ammonia above water and soil surfaces[C]. Deposition of Atmospheric Pollutants：Proceedings of a Colloquium held at Oberursel/Taunus，West Germany，9–11 November 1981，Georgii H W，Pankrath J，Dordrecht：Springer Netherlands，1982，17-22.

[70] 闫涵，高会旺，姚小红，等. 沙尘传输路径上气溶胶浓度与干沉降通量的粒径分布特征[J]. 气候与环境研究，2012，17（2）：205-214.

[71] 刘咸德，董树屏，李冰，等. 沙尘暴事件中大气颗粒物化学组分的浓度变化和硫酸盐的形成[J]. 环境科学研究，2005，18（6）：12-17.

[72] Wang G，Cheng C，Meng J，et al. Field observation on secondary organic aerosols during Asian dust storm periods：Formation mechanism of oxalic acid and related compounds on dust surface[J]. Atmospheric Environment，2015，113：169-176.

[73] Yao X，Zhang L. Chemical processes in sea-salt chloride depletion observed at a Canadian rural coastal site[J]. Atmospheric Environment，2012，46：189-194.

[74] 王珉，胡敏. 青岛沿海大气气溶胶中海盐源的贡献[J]. 环境科学，2000，21（5）：83-85.

[75] Chen H，Hung C，Fang T，et al. Dry deposition and particle-size distribution of phosphorus in the marine atmosphere over the northeastern coast of Taiwan[J]. Continental Shelf Research，2008，28（6）：756-766.

[76] Vicars W C，Sickman J O，Ziemann P J. Atmospheric phosphorus deposition at a montane site：Size distribution，effects of wildfire，and ecological implications[J]. Atmospheric Environment，2010，44（24）：2813-2821.

[77] Beyn F，Matthias V，Aulinger A，et al. Do N-isotopes in atmospheric nitrate deposition reflect air pollution levels？[J]. Atmospheric Environment，2015，107：281-288.

[78] Chang Y H. Non-agricultural ammonia emissions in urban China[J]. Atmospheric Chemistry And Physics Discussions，2014，14（6）：8495-8531.

[79] Chang Y，Liu X，Deng C，et al. Source apportionment of atmospheric ammonia before，during，and after the 2014 APEC summit in Beijing using stable nitrogen isotope signatures[J]. Atmospheric Chemistry and Physics，2016，16（18）：11635-11647.

[80] Chang Y H，Zou Z，Deng C R，et al. The importance of vehicle emissions as a source of atmospheric ammonia in the megacity of Shanghai[J]. Atmospheric Chemistry and Physics Discussions，2015，15（23）：34719-34763.

[81] Li Q，Jiang J，Cai S，et al. Gaseous ammonia emissions from coal and biomass combustion in household stoves with different combustion efficiencies[J]. Environmental Science & Technology Letters，2016，3（3）：98-103.

[82] Liu T，Wang X，Wang B，et al. Emission factor of ammonia（NH_3） from on-road vehicles in China：Tunnel tests in urban Guangzhou[J]. Environmental Research Letters，2014，9（6）：64027.

[83] Pan Y，Tian S，Liu D，et al. Fossil fuel combustion-related emissions dominate atmospheric ammonia sources during severe haze episodes：Evidence from15 n-stable isotope in size-resolved aerosol ammonium[J]. Environmental Science & Technology，2016，50（15）：8049-8056.

[84] Viney A，Paul R，Murray B G C，et al. Atmospheric nitrogen compounds Ⅱ：emissions，transport，transformation，deposition and assessment[J]. Atmospheric Environment，2001，35（11）：1903-1911.

[85] Jickells T D. Global iron connections between desert dust，ocean biogeochemistry，and climate[J]. Science（Washington D. C.），2005，308（5718）：67-71.

[86] Dennis R L. Using the regional acid deposition model to determine the nitrogen deposition airshed of the Chesapeake Bay watershed. Book chapter[R]. U S Environmental Protection Agency，Washington，D.C.，EPA/boo/A-95/120.（NTI2 PB96116819），1995.

[87] Cape J N，Cornell S E，Jickells T D，et al. Organic nitrogen in the atmosphere — Where does it come from？ A review of sources and methods[J]. Atmospheric Research，2011，102

（1-2）：30-48.

[88] 郑利霞，刘学军，张福锁. 大气有机氮沉降研究进展[J]. 生态学报，2007，27（9）：3828-3834.

[89] Mahowald N，Jickells T D，Baker A R，et al. Global distribution of atmospheric phosphorus sources，concentrations and deposition rates，and anthropogenic impacts[J]. Global Biogeochemical Cycles，2008，22（4）：1-19.

[90] Carbo P，Krom M D，Homoky W B，et al. Impact of atmospheric deposition on N and P geochemistry in the southeastern Levantine basin[J]. Deep Sea Research Part Ⅱ：Topical Studies in Oceanography，2005，52（22-23）：3041-3053.

[91] Markaki Z，Loÿe-Pilot M D，Violaki K，et al. Variability of atmospheric deposition of dissolved nitrogen and phosphorus in the Mediterranean and possible link to the anomalous seawater N/P ratio[J]. Marine Chemistry，2010，120（1-4）：187-194.

[92] Anderson L D，Faul K L，Paytan A. Phosphorus associations in aerosols：What can they tell us about P bioavailability？[J]. Marine Chemistry，2010，120（1-4）：44-56.

[93] 王帅杰，朱坦. 大气颗粒物源解析技术研究进展[J]. 环境污染治理技术与设备，2002，3（8）：8-12.

[94] 郭琳，肖美，何宗健. 关于大气颗粒物源解析技术综述[J]. 江西化工，2006（4）：73-75.

[95] Nicolás J，Chiari M，Crespo J，et al. Assessment of potential source regions of $PM_{2.5}$ components at a southwestern Mediterranean site[J]. Tellus Series B-chemical & Physical Meteorology，2011，63（1）：96-106.

[96] Liu B，Liang D，Yang J，et al. Characterization and source apportionment of volatile organic compounds based on 1-year of observational data in Tianjin，China[J]. Environmental Pollution，2016，218：757-769.

[97] Liu B，Wu J，Zhang J，et al. Characterization and source apportionment of $PM_{2.5}$ based on error estimation from EPA PMF 5.0 model at a medium city in China[J]. Environmental Pollution，2017，222：10-22.

[98] Wang W，Yu J，Cui Y，et al. Characteristics of fine particulate matter and its sources in an industrialized coastal city，Ningbo，Yangtze River Delta，China[J]. Atmospheric Research，

2018，203：105-117.

[99] Dimitriou K，Remoundaki E，Mantas E，et al. Spatial distribution of source areas of $PM_{2.5}$ by Concentration Weighted Trajectory（CWT） model applied in $PM_{2.5}$ concentration and composition data[J]. Atmospheric Environment，2015，116：138-145.

[100] Wang Y Q，Zhang X Y，Draxler R R. TrajStat：GIS-based software that uses various trajectory statistical analysis methods to identify potential sources from long-term air pollution measurement data[J]. Environmental Modelling & Software，2009，24（8）：938-939.

[101] Donkelaar Van A，Martin R V，Brauer M，et al. Global estimates of ambient fine particulate matter concentrations from satellite-based aerosol optical depth：Development and application[J]. Environ Health Perspect，2010，118（6）：847-855.

[102] Nielsen T. Traffic contribution of polycyclic aromatic hydrocarbons in the center of a large city[J]. Atmospheric Environment，1996，30（20）：3481-3490.

[103] 周家斌，王铁冠，黄云碧，等. 北京部分地区大气 PM_{10} 中 PAHs 的季节性变化[J]. 中国环境科学，2005，25（1）：115-119.

[104] Park J，Wade T L，Sweet S. Atmospheric distribution of polycyclic aromatic hydrocarbons and deposition to Galveston Bay，Texas，USA[J]. Atmospheric Environment，2001，35（19）：3241-3249.

[105] 刘国卿，张干，李军，等. 珠江口及南海近海海域大气多环芳烃分布特征[J]. 海洋环境科学，2009，28（5）：531-534，538.

[106] Cheng H，Deng Z，Chakraborty P，et al. A comparison study of atmospheric polycyclic aromatic hydrocarbons in three Indian cities using PUF disk passive air samplers[J]. Atmospheric Environment，2013，73：16-21.

[107] 任培芳. 北黄海沿岸大气中 PAHs 沉降特征及气固分配研究[D]. 长春：长春理工大学，2012.

[108] Castro-Jiménez J，Berrojalbiz N，Wollgast J，et al. Polycyclic aromatic hydrocarbons（PAHs）in the Mediterranean Sea：Atmospheric occurrence，deposition and decoupling with settling fluxes in the water column[J]. Environmental Pollution，2012，166：40-47.

[109] 张玉凤，宋永刚，田金，等. 辽东湾大气中 PAHs 的含量组成及气粒分配[J]. 环境科学，

2018，39（4）：1527-1536.

[110] Nizzetto L，Lohmann R，Gioia R，et al. PAHs in air and seawater along a north-south Atlantic transect：Trends，processes and possible sources[J]. Environmental Science & Technology，2008，42（5）：1580-1585.

[111] Wang Z，Na G，Ma X，et al. Occurrence and gas/particle partitioning of PAHs in the atmosphere from the North Pacific to the Arctic Ocean[J]. Atmospheric Environment，2013，77：640-646.

[112] Pankow J F，Bidleman T F. Effects of temperature，TSP and per cent non-exchangeable material in determining the gas-particle partitioning of organic compounds[J]. Atmospheric Environment Part A：General Topics，1991，25（10）：2241-2249.

[113] Tamamura S，Sato T，Ota Y，et al. Long-range transport of polycyclic aromatic hydrocarbons（PAHs） from the eastern Asian continent to Kanazawa，Japan with Asian dust[J]. Atmospheric Environment，2007，41（12）：2580-2593.

[114] Pozo K，Estellano V H，Harner T，et al. Assessing Polycyclic Aromatic Hydrocarbons（PAHs） using passive air sampling in the atmosphere of one of the most wood-smoke-polluted cities in Chile：The case study of Temuco[J]. Chemosphere，2015，134：475-481.

[115] Pozo K，Harner T，Rudolph A，et al. Survey of persistent organic pollutants（POPs） and polycyclic aromatic hydrocarbons（PAHs）in the atmosphere of rural，urban and industrial areas of Concepción，Chile，using passive air samplers[J]. Atmospheric Pollution Research，2012，3（4）：426-434.

[116] Choi S，Kwon H，Lee Y，et al. Improving the spatial resolution of atmospheric polycyclic aromatic hydrocarbons using passive air samplers in a multi-industrial city[J]. Journal of Hazardous Materials，2012，241-242：252-258.

[117] 张延青，孙英兰，王燕，等. 青岛市近海大气气溶胶中 PAHs 的分布及其相关分析[J]. 中国海洋大学学报，2007，37（3）：475-480.

[118] 郑煌，邢新丽，顾延生，等. 舟山青浜岛不同环境介质中 PAHs 的分布特征[J]. 环境科学，2016，37（2）：513-519.

[119] Tsapakis M，Stephanou E G，Karakassis I. Evaluation of atmospheric transport as a nonpoint

source of polycyclic aromatic hydrocarbons in marine sediments of the Eastern Mediterranean[J]. Marine Chemistry，2003，80（4）：283-298.

[120] Terzi E，Samara C. Gas-particle partitioning of polycyclic aromatic hydrocarbons in urban，adjacent coastal，and continental background sites of western greece[J]. Environmental Science & Technology，2004，38（19）：4973-4978.

[121] Reisen F，Arey J. Atmospheric reactions influence seasonal PAH and nitro-pah concentrations in the los angeles basin[J]. Environmental Science & Technology，2005，39（1）：64-73.

[122] Lohmann R，Lammel G. Adsorptive and absorptive contributions to the gas-particle partitioning of polycyclic aromatic hydrocarbons：State of knowledge and recommended parametrization for modeling[J]. Environmental Science & Technology，2004，38（14）：3793-3803.

[123] Fernández P，Grimalt J O，Vilanova R M. Atmospheric gas-particle partitioning of polycyclic aromatic hydrocarbons in high mountain regions of europe[J]. Environmental Science & Technology，2002，36（6）：1162-1168.

[124] 杨萌. 中国大气中多溴联苯醚的含量组成及气粒分配[D]. 大连：大连海事大学，2013.

[125] Dachs J，Lohmann R，Ockenden W A，et al. Oceanic biogeochemical controls on global dynamics of persistent organic pollutants[J]. Environmental Science & Technology，2002，36（20）：4229-4237.

[126] Qin N，He W，Kong X，et al. Atmospheric partitioning and the air–water exchange of polycyclic aromatic hydrocarbons in a large shallow Chinese lake（Lake Chaohu）[J]. Chemosphere，2013，93（9）：1685-1693.

[127] Purcaro G，Moret S，Conte L S. Overview on polycyclic aromatic hydrocarbons：Occurrence，legislation and innovative determination in foods[J]. Talanta，2013，105：292-305.

[128] Ravindra，Mittal A K，Van Grieken R. Health risk assessment of urban suspended particulate matter with special reference to polycyclic aromatic hydrocarbons：A review[J]. Reviews on Environmental Health，2001，16（3）：169.

[129] Marchand N，Besombes J L，Chevron N，et al. Polycyclic aromatic hydrocarbons（PAHs）in the atmospheres of two French alpine valleys：Sources and temporal patterns[J].

Atmospheric Chemistry & Physics，2004，4（5）：1167-1181.

[130] Marr L C，Dzepina K，Jimenez J L，et al. Sources and transformations of particle-bound polycyclic aromatic hydrocarbons in Mexico City[J]. Atmospheric Chemistry & Physics Discussions，2006，6（6）：1733-1745.

[131] Ravindra K，Bencs L，Wauters E，et al. Seasonal and site-specific variation in vapour and aerosol phase PAHs over Flanders（Belgium） and their relation with anthropogenic activities[J]. Atmospheric Environment，2006，40（4）：771-785.

[132] 邓伟. 南黄海、东海表层沉积物中脂肪烃与PAHs的分布特征及来源初步研究 [D]. 青岛：中国海洋大学，2013.

[133] Zhao M，Wang W，Liu Y，et al. Distribution and sources of polycyclic aromatic hydrocarbons in surface sediments from the Bering Sea and western Arctic Ocean[J]. Marine Pollution Bulletin，2016，104（1-2）：379-385.

[134] 刘书臻. 环渤海西部地区大气中的 PAHs 污染[D]. 北京：北京大学，2008.

[135] Mai B，Qi S，Zeng E Y，et al. Distribution of polycyclic aromatic hydrocarbons in the coastal region off Macao，China：Assessment of input sources and transport pathways using compositional analysis[J]. Environmental Science & Technology，2003，37（21）：4855-4863.

[136] Li T，Sun G，Ma S，et al. Inferring sources of polycyclic aromatic hydrocarbons（PAHs） in sediments from the western Taiwan Strait through end-member mixing analysis[J]. Marine Pollution Bulletin，2016，112（1-2）：166-176.

[137] Hu N J，Shi X F，Huang P，et al. Polycyclic aromatic hydrocarbons in surface sediments of Laizhou Bay，Bohai Sea，China[J]. Environmental Earth Sciences，2011，63（1）：121-133.

[138] Hu N，Huang P，Liu J，et al. Source apportionment of polycyclic aromatic hydrocarbons in surface sediments of the Bohai Sea，China[J]. Environmental Science and Pollution Research，2013，20（2）：1031-1040.

[139] Larsen R K，Baker J E. Source apportionment of polycyclic aromatic hydrocarbons in the urban atmosphere：A comparison of three methods[J]. Environmental Science & Technology，2003，37（9）：1873-1881.

[140] Teixeira E C，Agudelo-Castañeda D M，Mattiuzi C D P. Contribution of polycyclic

aromatic hydrocarbon（PAH） sources to the urban environment：A comparison of receptor models[J]. Science of the Total Environment，2015，538：212-219.

[141] Okuda T，Kumata H，Zakaria M P，et al. Source identification of Malaysian atmospheric polycyclic aromatic hydrocarbons nearby forest fires using molecular and isotopic compositions[J]. Atmospheric Environment，2002，36（4）：611-618.

[142] Mandalakis M，Gustafsson Ö，Reddy C M，et al. Radiocarbon apportionment of fossil versus biofuel combustion sources of polycyclic aromatic hydrocarbons in the stockholm metropolitan area[J]. Environmental Science & Technology，2004，38（20）：5344-5349.

[143] Meylan W M，Howard P H. Computer estimation of the Atmospheric gas-phase reaction rate of organic compounds with hydroxyl radicals and ozone[J]. Chemosphere，1993，26（12）：2293-2299.

[144] Tomy G T，Muir D C G，Stern G A，et al. Levels of C_{10}-C_{13} polychloro-n-alkanes in marine mammals from the Arctic and the St. Lawrence River Estuary[J]. Environmental Science & Technology，2000，34（9）：1615-1619.

[145] Bidleman，Alaee，G S. New persistent chemicals in the Arctic environment[M]. Ottawa：Department of Indian Affairs and Northern Development，2001：87-93.

[146] Borgen A，Schlabach M，Gundersen H. Polychlorinated alkanes in Arctic air[J]. Organohalogen Compounds，2000，47：272-275.

[147] Ma X，Zhang H，Zhou H，et al. Occurrence and gas/particle partitioning of short-and medium-chain chlorinated paraffins in the atmosphere of Fildes Peninsula of Antarctica[J]. Atmospheric Environment，2014，90：10-15.

[148] Barber J L，Sweetman A J，Thomas G O，et al. Spatial and temporal variability in air concentrations of short-chain（C_{10}-C_{13}）and medium-chain（C_{14}-C_{17}）chlorinatedn- alkanes measured in the U.K. atmosphere[J]. Environmental Science & Technology，2005，39（12）：4407-4415.

[149] Wang T，Han S，Yuan B，et al. Summer–winter concentrations and gas-particle partitioning of short chain chlorinated paraffins in the atmosphere of an urban setting[J]. Environmental Pollution，2012，171：38-45.

[150] Li Q，Li J，Wang Y，et al. Atmospheric short-chain chlorinated paraffins in China，Japan，and South Korea[J]. Environmental Science & Technology，2012，46（21）：11948-11954.

[151] Diefenbacher P S，Bogdal C，Gerecke A C，et al. Short-chain chlorinated paraffins in Zurich，Switzerland—atmospheric concentrations and emissions[J]. Environmental Science & Technology，2015，49（16）：9778-9786.

[152] Wang Y，Li J，Cheng Z，et al. Short-and medium-chain chlorinated paraffins in air and soil of subtropical terrestrial environment in the Pearl River delta，south China：distribution，composition，atmospheric deposition fluxes，and environmental fate[J]. Environmental Science & Technology，2013，47（6）：2679-2687.

[153] Peters A, Tomy G, Jones K C, et al. Occurrence of C_{10}-C_{13} polychlorinated *n*-alkanes in the atmosphere of the United Kingdom. Atmospheric environment, 2000, 34(19): 3085-3090.

[154] Drouillard K G，Tomy G T，Muir D C G，et al. Volatility of chlorinated n - alkanes（C_{10}-C_{12}）：Vapor pressures and Henry's law constants[J]. Environmental Toxicology & Chemistry，1998，17（7）：1252-1260.

[155] 马新东. 北方典型区域多溴联苯醚和短链氯化石蜡的生物富集及放大研究[D]. 大连：大连理工大学，2014.

[156] Grantz D A，Garner J H B，Johnson D W. Ecological effects of particulate matter[J]. Environment International，2003，29（2-3）：213-239.

[157] Quinn T L，Ondov J M. Influence of temporal changes in relative humidity on dry deposition velocities and fluxes of aerosol particles bearing trace elements[J]. Atmospheric environment，1998，32（20）：3467-3479.

[158] Violaki K，Zarbas P，Mihalopoulos N. Long-term measurements of dissolved organic nitrogen（DON） in atmospheric deposition in the Eastern Mediterranean：Fluxes，origin and biogeochemical implications[J]. Marine Chemistry，2010，120（1-4）：179-186.

[159] 杨正先，张志峰，王菊英，等. 中国海洋大气沉降监测与评价工作回顾与展望[J]. 海洋开发与管理，2014（4）：52-57.

[160] Qi J，Li P，Li X，et al. Estimation of dry deposition fluxes of particulate species to the water surface in the Qingdao area，using a model and surrogate surfaces[J]. Atmospheric

Environment，2005，39（11）：2081-2088.

[161] Hsu S，Wong G T F，Gong G，et al. Sources，solubility，and dry deposition of aerosol trace elements over the East China Sea[J]. Marine Chemistry，2010，120（1-4）：116-127.

[162] Shahin U，Yi S，Paode R D，et al. Long-term elemental dry deposition fluxes measured around lake michigan with an automated dry deposition sampler[J]. Environmental Science & Technology，2000，34（10）：1887-1892.

[163] Slinn S A，Slinn W G N. Predictions for particle deposition on natural waters[J]. Atmospheric Environment，1980，14（9）：1013-1016.

[164] Williams R M. A model for the dry deposition of particles to natural water surfaces[J]. Atmospheric Environmen，1982，16（8）：1933-1938.

[165] Zhang L，Gong S，Padro J，et al. A size-segregated particle dry deposition scheme for an atmospheric aerosol module[J]. Atmospheric Environment，2001，35（3）：549-560.

[166] 王泽杰. 青岛近海地区大气气溶胶干沉降模型及气溶胶中常量元素干沉降通量的研究[D]. 青岛：中国海洋大学，2006.

[167] 詹建琼，陈立奇，张远辉，等. 台湾海峡海表气溶胶干沉降通量研究[J]. 台湾海峡，2010，29（2）：257-264.

[168] Kang J，Cho B C，Lee C. Atmospheric transport of water-soluble ions（NO_3^-，NH_4^+ and nss-SO_4^{2-}） to the southern East Sea（Sea of Japan）[J]. Science of the Total Environment，2010，408（11）：2369-2377.

[169] Kong S，Wen B，Chen K，et al. Ion chemistry for atmospheric size-segregated aerosol and depositions at an offshore site of Yangtze River Delta region，China[J]. Atmospheric Research，2014，147-148：205-226.

[170] Jaward F M，Farrar N J，Harner T，et al. Passive air sampling of polycyclic aromatic hydrocarbons and polychlorinated naphthalenes across Europe[J]. Environ Toxicol Chem，2004，23（6）：1355-1364.

[171] Ding X，Wang X，Xie Z，et al. Atmospheric hexachlorocyclohexanes in the north pacific ocean and the adjacent arctic region：Spatial patterns，chiral signatures，and sea-air exchanges[J]. Environmental Science & Technology，2007，41（15）：5204-5209.

[172] Srogi K. Monitoring of environmental exposure to polycyclic aromatic hydrocarbons：A review[J]. Environmental Chemistry Letters，2007，5（4）：169-195.

[173] Gigliotti C L，Brunciak P A，Dachs J，et al. Air-water exchange of polycyclic aromatic hydrocarbons in the New York-New Jersey，USA，Harbor Estuary[J]. Environ Toxicol Chem，2002，21（2）：235-244.

[174] Pandit G G，Sahu S K，Puranik V D，et al. Exchange of polycyclic aromatic hydrocarbons across the air-water interface at the creek adjoining Mumbai harbour，India[J]. Environment International，2006，32（2）：259-264.

[175] Dachs J，Eisenreich S J. Adsorption onto aerosol soot carbon dominates gas-particle partitioning of polycyclic aromatic hydrocarbons[J]. Environmental Science and Technology，2000，34（17）.

[176] Fang M，Lee C，Jiang J，et al. Diffusive exchange of PAHs across the air-water interface of the Kaohsiung Harbor lagoon，Taiwan[J]. Journal of Environmental Management，2012，110：179-187.

[177] Mackay D，Paterson S，Schroeder W H. Model describing the rates of transfer processes of organic chemicals between atmosphere and water[J]. Environmental Science & Technology，1986，20（8）：810-816.

[178] Hornbuckle K C，Jeremiason J D，Sweet C W，et al. Seasonal variations in air-water exchange of polychlorinated biphenyls in lake superior[J]. Environmental Science & Technology，1994，28（8）：1491-1501.

[179] Gustafson K E，Dickhut R M. Gaseous exchange of polycyclic aromatic hydrocarbons across the air–water interface of southern chesapeake bay[J]. Environmental Science & Technology，1997，31（6）：1623-1629.

[180] Nelson E D，Mcconnell L L，Baker J E. Diffusive exchange of gaseous polycyclic aromatic hydrocarbons and polychlorinated biphenyls across the air–water interface of the chesapeake Bay[J]. Environmental Science & Technology，1998，32（7）：912-919.

[181] Ma X，Wang Y，Gao W，et al. Air-seawater gas exchange and dry deposition of chlorinated paraffins in a typical inner sea（Liaodong Bay），North China[J]. Environmental Science &

Technology，2018，52（14）：7729-7735.

[182] 张建乐，张心宇，张永丰，等. 北戴河海域夏季叶绿素 a 分布特征及其与 pH、溶解氧的关系[J].海洋湖沼通报，2015（4）：155-160.

[183] 张建乐，王全颖，张永丰，等. 秦皇岛海域褐潮生消过程中营养盐特征[J].应用生态学报，2020，1（31）：282-292.

[184] 郭玲，韩荣荣，隋春晨，等. 秦皇岛市近岸海域水质时空变化及相关性分析[J]. 中国资源综合利用，2024，42（3）：189-191.

[185] Khammeri Y，Hamza I S，Zouari A B，et al. Atmospheric bulk deposition of dissolved nitrogen，phosphorus and silicate in the Gulf of Gabès（South Ionian Basin）；implications for marine heterotrophic prokaryotes and ultraphytoplankton[J]. Continental Shelf Research，2018，159：1-11.

[186] 李学刚，宋金明，牛丽凤，等. 近海沉积物中氮磷的同时测定及其在胶州湾沉积物中的应用[J]. 岩矿测试，2007（2）：87-92.

[187] Hsu Y，Holsen T M，Hopke P K. Comparison of hybrid receptor models to locate PCB sources in Chicago[J]. Atmospheric Environment，2003，37（4）：545-562.

[188] Chen H，Chen L，Chiang Z，et al. Size fractionation and molecular composition of water-soluble inorganic and organic nitrogen in aerosols of a coastal environment[J]. Journal of Geophysical Research，2010，115（D22307）：1-17.

[189] Montero-Martínez G，Rinaldi M，Gilardoni S，et al. On the water-soluble organic nitrogen concentration and mass size distribution during the fog season in the Po Valley，Italy[J]. Science of the Total Environment，2014，485-486：103-109.

[190] Mace K A. Organic nitrogen in rain and aerosol in the eastern Mediterranean atmosphere：An association with atmospheric dust[J]. Journal of Geophysical Research，2003，108（D10）：1-5.

[191] Duan F，Liu X，He K，et al. Measurements and characteristics of nitrogen-containing compounds in atmospheric particulate matter in Beijing，China[J]. Bulletin of Environmental Contamination and Toxicology，2009，82（3）：332-337.

[192] Matsumoto K，Watanabe Y，Horiuchi K，et al. Simultaneous measurement of the

water-soluble organic nitrogen in the gas phase and aerosols at a forested site in Japan[J]. Atmospheric Environment，2019，200：312-318.

[193] Luo L，Yao X H，Gao H W，et al. Nitrogen speciation in various types of aerosols in spring over the northwestern Pacific Ocean[J]. Atmospheric Chemistry and Physics，2016，16（1）：325-341.

[194] Zhu L，Chen Y，Guo L，et al. Estimate of dry deposition fluxes of nutrients over the East China Sea：The implication of aerosol ammonium to non-sea-salt sulfate ratio to nutrient deposition of coastal oceans[J]. Atmospheric Environment，2013，69：131-138.

[195] 中国气象局. 沙尘天气年鉴[M]. 北京：气象出版社，2003.

[196] Liu X，Zhang Y，Han W，et al. Enhanced nitrogen deposition over China[J]. Nature，2013，494（7438）：459-462.

[197] 卫菲菲，刘昊，陆晓波，等. 南京市大气细颗粒物二次组分的时空变化特征[J]. 中国环境科学，2017，37（8）：2866-2876.

[198] 赵熠琳，王晓彦，汪巍，等. 西北部主要城市环境空气质量特征与预报影响因素分析[J]. 中国环境监测，2017，33（5）：82-88.

[199] Zhao Y，Gao Y. Mass size distributions of water-soluble inorganic and organic ions in size-segregated aerosols over metropolitan Newark in the US east coast[J]. Atmospheric Environment，2008，42（18）：4063-4078.

[200] 张国权. 气溶胶力学：除尘净化理论基础[M]. 北京：中国环境科学出版社，1987.

[201] Violaki K，Mihalopoulos N. Water-soluble organic nitrogen（WSON） in size-segregated atmospheric particles over the Eastern Mediterranean[J]. Atmospheric Environment，2010，44（35）：4339-4345.

[202] Liu F，Bi X，Zhang G，et al. Concentration，size distribution and dry deposition of amines in atmospheric particles of urban Guangzhou，China[J]. Atmospheric Environment，2017，171：279-288.

[203] Xu P，Xu J，He M，et al. Morphology and chemical characteristics of micro-and Nano-particles in the haze in Beijing studied by XPS and TEM/EDX[J]. Science of the Total Environment，2016，565：827-832.

[204] Li X，Wang L，Ji D，et al. Characterization of the size-segregated water-soluble inorganic ions in the Jing-Jin-Ji urban agglomeration：Spatial/temporal variability，size distribution and sources[J]. Atmospheric Environment，2013，77（7）：250-259.

[205] Yao X，Fang M，Chan C K. Size distributions and formation of dicarboxylic acids in atmospheric particles[J]. Atmospheric Environment，2002，36（13）：2099-2107.

[206] 郗梓延，张瑞峰，陈晓静，等. 雾、霾及气团来源对青岛大气气溶胶中水溶性无机离子粒径分布的影响[J]. 城市环境与城市生态，2016，29（3）：14-21.

[207] Mori I，Nishikawa M，Toshifumi T，et al. Change in size distribution and chemical composition of kosa（Asian dust） aerosol during long-range transport[J]. Atmospheric Environment，2003，37（30）：4253-4263.

[208] Chang Y H，Zou Z，Deng C R，et al. The importance of vehicle emissions as a source of atmospheric ammonia in the megacity of Shanghai[J]. Atmospheric Chemistry & Physics，2016，16（5）：3577-3594.

[209] Chang Y，Liu X，Deng C，et al. Source apportionment of atmospheric ammonia before，during，and after the 2014 APEC summit in Beijing using stable nitrogen isotope signatures[J]. Atmospheric Chemistry & Physics，2016，16（18）：11635-11647.

[210] Liu D，Xu Y，Chaemfa C，et al. Concentrations，seasonal variations，and outflow of atmospheric polycyclic aromatic hydrocarbons（PAHs） at Ningbo site，Eastern China[J]. Atmospheric Pollution Research，2014，5（2）：203-209.

[211] Lammel G，Mulder M D，Shahpoury P，et al. Nitro-polycyclic aromatic hydrocarbons-gas-particle partitioning，mass size distribution，and formation along transport in marine and continental background air[J]. Atmospheric Chemistry and Physics，2017，17（10）：6257-6270.

[212] Wright L P，Zhang L，Cheng I，et al. Impacts and effects indicators of atmospheric deposition of major pollutants to various ecosystems -a review[J]. Aerosol and Air Quality Research，2018，18（8）：1953-1992.

[213] Balmer J E，Hung H，Yu Y，et al. Sources and environmental fate of pyrogenic polycyclic aromatic hydrocarbons（PAHs） in the Arctic[J]. Emerging Contaminants，2019，5：128-142.

[214] Hu H，Tian M，Zhang L，et al. Sources and gas-particle partitioning of atmospheric parent，oxygenated，and nitrated polycyclic aromatic hydrocarbons in a humid city in southwest China[J]. Atmospheric Environment，2019，206：1-10.

[215] Ma J，Simonich S，Tao S. New discoveries to old problems：A virtual issue on air pollution in rapidly industrializing countries[J]. Environmental Science & Technology，2017，51（20）：11497-11501.

[216] Ya M，Wang X，Wu Y，et al. Seasonal variation of terrigenous polycyclic aromatic hydrocarbons along the marginal seas of China：Input，phase partitioning，and ocean-current transport[J]. Environmental Science & Technology，2017，51（16）：9072-9079.

[217] Pankow J F，Bidleman T F. Interdependence of the slopes and intercepts from log-log correlations of measured gas-particle paritioning and vapor pressure—Ⅰ. theory and analysis of available data[J]. Atmospheric Environment，1992，26（6）：1071-1080.

[218] Harner T，Bidleman T F. Octanol air partition coefficient for describing particle/gas partitioning of aromatic compounds in urban air[J]. Environmental Science & Technology，1998，32（10）：1494-1502.

[219] Gaga E，Ari A. Gas-particle partitioning of polycyclic aromatic hydrocarbons（PAHs） in an urban traffic site in Eskisehir，Turkey[J]. Atmospheric Research，2011，99（2）：207-216.

[220] Lei Y D，Chankalal R，Chan A，et al. Supercooled liquid vapor pressures of the polycyclic aromatic hydrocarbons[J]. Journal of Chemical & Engineering Data，2002，47（4）：801-806.

[221] Wania F，Haugen J，Lei Y D，et al. Temperature dependence of atmospheric concentrations of semivolatile organic compounds[J]. Environmental Science & Technology，1998，32（8）：1013-1021.

[222] Tsapakis M，Stephanou E G. Polycyclic aromatic hydrocarbons in the atmosphere of the eastern mediterranean[J]. Environmental Science & Technology，2005，39（17）：6584-6590.

[223] Liu Y，Wang S，Mcdonough C A，et al. Estimation of uncertainty in air-water exchange flux and gross volatilization loss of PCBs：A case study based on passive sampling in the Lower Great Lakes[J]. Environmental Science & Technology，2016，50（20）：10894-10902.

[224] Ma W L，Li Y F，Qi H，et al. Seasonal variations of sources of polycyclic

aromatic hydrocarbons（PAHs） to a northeastern urban city，China[J]. Chemosphere，2010，79（4）：441-447.

[225] Shi G，Feng Y，Wu J，et al. Source identification of polycyclic aromatic hydrocarbons in urban particulate matter of Tangshan，China[J]. Aerosol and Air Quality Research，2009，9（3）：309-315.

[226] Vardar N，Tasdemir Y，Odabasi M，et al. Characterization of atmospheric concentrations and partitioning of PAHs in the Chicago atmosphere[J]. Science of the Total Environment，2004，327（1-3）：163-174.

[227] Aydin Y M，Kara M，Dumanoglu Y，et al. Source apportionment of polycyclic aromatic hydrocarbons（PAHs） and polychlorinated biphenyls（PCBs） in ambient air of an industrial region in Turkey[J]. Atmospheric Environment，2014，97：271-285.

[228] 李军，张干，祁士华. 广州市大气中 PAHs 分布特征、季节变化及其影响因素[J]. 环境科学，2004（3）：7-13.

[229] 李秋歌，赵欣，Li AN，等. 南京大气中多环芳烃的相分布[J]. 环境科学与技术，2007，30（4）：34.

[230] Ma W，Sun D，Shen W，et al. Atmospheric concentrations，sources and gas-particle partitioning of PAHs in Beijing after the 29th Olympic Games[J]. Environmental Pollution，2011，159（7）：1794-1801.

[231] Ren J，Wang X，Wang C，et al. Atmospheric processes of organic pollutants over a remote lake on the central Tibetan Plateau：Implications for regional cycling[J]. Atmospheric Chemistry and Physics，2017，17（2）：1401-1415.

[232] Estellano V H，Pozo K，Harner T，et al. Using PUF disk passive samplers to simultaneously measure air concentrations of persistent organic pollutants（POPs） across the Tuscany Region，Italy[J]. Atmospheric Pollution Research，2012，3（1）：88-94.

[233] Mandalakis M，Tsapakis M，Tsoga A，et al. Gas-particle concentrations and distribution of aliphatic hydrocarbons，PAHs，PCBs and PCDD/Fs in the atmosphere of Athens（Greece）[J]. Atmospheric environment，2002，36（25）：4023-4035.

[234] 徐玥，赵斌，刘东廷，等. 我国腾冲大气 PAHs 的可能来源分析[J]. 中国环境科学，2011，

31（5）：714-718.

[235] Wang W，Simonich S L M，Xue M，et al. Concentrations，sources and spatial distribution of polycyclic aromatic hydrocarbons in soils from Beijing，Tianjin and surrounding areas，North China[J]. Environmental Pollution，2010，158（5）：1245-1251.

[236] Zhang B，Zhang K，Li S，et al. Size-Dependent dry deposition of airborne polybrominated diphenyl ethers in urban Guangzhou，China[J]. Environmental Science & Technology，2012，46（13）：7207-7214.

[237] Wongphatarakul V，Friedlander S K，Pinto J P. A comparative study of $PM_{2.5}$ ambient aerosol chemical databases[J]. Environmental Science & Technology，1998，32（24）：3926-3934.

[238] Li Y F，Ma W L，Yang M. Prediction of gas/particle partitioning of polybrominated diphenyl ethers（PBDEs） in global air：A theoretical study[J]. Atmospheric Chemistry and Physics，2015，15（4）：1669-1681.

[239] Li Y，Jia H. Prediction of gas/particle partition quotients of Polybrominated Diphenyl Ethers（PBDEs） in north temperate zone air：An empirical approach[J]. Ecotoxicology and Environmental Safety，2014，108：65-71.

[240] Tian F，Chen J，Qiao X，et al. Sources and seasonal variation of atmospheric polycyclic aromatic hydrocarbons in Dalian，China：Factor analysis with non-negative constraints combined with local source fingerprints[J]. Atmospheric Environment，2009，43（17）：2747-2753.

[241] Hussain K，Rahman M，Prakash A，et al. Atmospheric bulk deposition of PAHS over brahmaputra valley：Characteristics and influence of meteorology[J]. Aerosol and Air Quality Research，2016，16（7）：1675-1689.

[242] Ma X，Zhang H，Wang Z，et al. Bioaccumulation and trophic transfer of short chain chlorinated paraffins in a marine food web from Liaodong Bay，North China[J]. Environmental Science & Technology，2014，48（10）：5964-5971.

[243] Zhang F，Chen Y，Chen Q，et al. Real-world emission factors of gaseous and particulate pollutants from marine fishing boats and their total emissions in China[J]. Environmental Science & Technology，2018，52（8）：4910-4919.

[244] Seinfeld J H，Pandis S N. Atmospheric chemistry and physics：Air pollution to climate[R]. New York：John Wiley & Sons，1998.

[245] Finlaysonpitts B，James Pitts J. Chemistry of the upper and lower atmosphere[M]. United States：Academic Press，San Diego，California，2000.

[246] Sylvestre M B Y A. PAHs in the Fraser River basin：A critical appraisal of PAH ratios as indicators of PAH source and composition[J]. Organic Geochemistry，2002，33（4）：489-515.

[247] 毛潇萱. 兰州盆地多环芳烃及短链氯化石蜡污染特征及风险[D]. 兰州：兰州大学，2016.

[248] 张玉凤，吴金浩，宋永刚，等. 辽东湾海水中 PAHs 分布与来源特征及风险评估[J]. 环境科学研究，2017，30（6）：892-901.

[249] Hilger B，Fromme H，Völkel W，et al. Occurrence of chlorinated paraffins in house dust samples from Bavaria，Germany[J]. Environmental Pollution，2013，175：16-21.

[250] 张佩萱，高丽荣，宋世杰，等. 环境中短链和中链氯化石蜡的来源、污染特征及环境行为研究进展[J]. 环境化学，2021，40（2）：371-383.

[251] Van Mourik L M，Gaus C，Leonards P E G，et al. Chlorinated paraffins in the environment：A review on their production，fate，levels and trends between 2010 and 2015[J]. Chemosphere，2016，155：415-428.

[252] Wei G，Liang X，Li D，et al. Occurrence，fate and ecological risk of chlorinated paraffins in Asia：A review[J]. Environment International，2016，92-93：373-387.

[253] Zhu X，Bai H，Gao Y，et al. Concentrations and inhalation risk assessment of short-chain polychlorinated paraffins in the urban air of Dalian，China[J]. Environmental Science and Pollution Research，2017，24（26）：21203-21212.

[254] Tomy GT，Fisk AT，Westmore JB，et al. Environmental chemistry and toxicology of polychlorinated n-alkanes[J]. Reviews of Environmental Contamination & Toxicology，1998，158（158）：53-128.

[255] Chaemfa C，Xu Y，Li J，et al. Screening of atmospheric short-and medium-chain chlorinated paraffins in india and Pakistan using polyurethane foam based passive air sampler[J]. Environmental Science & Technology，2014，48（9）：4799-4808.

[256] Zhou W，Shen M，Lam J C W，et al. Size-dependent distribution and inhalation exposure

characteristics of particle-bound chlorinated paraffins in indoor air in Guangzhou，China[J]. Environment International，2018，121：675-682.

[257] 钮珊. 典型地区氯化石蜡和 PAHs 的污染水平及健康风险研究[D]. 北京：北京化工大学，2019.

[258] Peters A，Tomy G，Jones K C，et al. Occurrence of C_{10}-C_{13} polychlorinated n-alkanes in the atmosphere of the United Kingdom[J]. Atmospheric Environment，2000，34（19）：3085-3090.

[259] Huang H，Gao L，Xia D，et al. Characterization of short-and medium-chain chlorinated paraffins in outdoor/indoor PM_{10}/$PM_{2.5}$/PM_{10} in Beijing，China[J]. Environmental Pollution，2017，225：674-680.

[260] Fiedler H. Short-chain chlorinated paraffins：Production，use and international regulations[M]. Belin，Germany：Springer-Verlag，2010.

[261] Gao Y，Zhang H，Su F，et al. Environmental occurrence and distribution of short chain chlorinated paraffins in sediments and soils from the Liaohe River basin，P. R. China[J]. Environmental Science & Technology，2012，46（7）：3771-3778.

[262] Yamasaki H，Kuwata K，Miyamoto H. Effects of ambient temperature on aspects of airborne polycyclic aromatic hydrocarbons[J]. Environmental Science & Technology，1982，16（4）：189-194.

[263] Pankow J F. An absorption model of gas/particle partitioning of organic compounds in the atmosphere[J]. Atmospheric Environment，1994，28（2）：185-188.

[264] Hilger B，Fromme H，Voelkel W，et al. Effects of chain length，chlorination degree，and structure on the octanol-water partition coefficients of polychlorinated n-alkanes[J]. Environmental Science & Technology，2011，45（7）：2842-2849.

[265] Goss K，Schwarzenbach R P. Gas/solid and gas/liquid partitioning of organic compounds：Critical evaluation of the interpretation of equilibrium constants[J]. Environmental Science & technology，1998，32（14）：2025-2032.

[266] Sanusi A，Millet M，Mirabel P，et al. Gas-particle partitioning of pesticides in atmospheric Samples[J]. Atmospheric Environment，1999，33（29）：4941-4951.

[267] 白皓，朱秀华，高媛，等. 大连城区秋季大气中短链氯化石蜡的气/粒相分配行为研究[J].

大连交通大学学报，2017，38（6）：78-84.

[268] Pankow J F. Review and comparative analysis of the theories on partitioning between the gas and aerosol particulate phases in the atmosphere[J]. Atmospheric Environment，1987，21（11）：2275-2283.

[269] Harner T, Bidleman T F. Octanol-air partition coefficient for describing partitioning of aromatic compounds in urban air [J]. Environmental Science & Technology, 1998，32:1494-1502

[270] 李英明，江桂斌，王亚韡，等. 电子垃圾拆解地大气中二噁英、多氯联苯、多溴联苯醚的污染水平及相分配规律[J]. 科学通报，2008，1（2）：165-171.

[271] Zufall M J，Dai W，Davidson C I. Dry deposition of particles to wave surfaces：Ⅱ. Wind tunnel experiments[J]. Atmospheric Environment，1999，33（26）：4283-4290.

[272] Nakamura T，Matsumoto K，Uematsu M. Chemical characteristics of aerosols transported from Asia to the East China Sea：an evaluation of anthropogenic combined nitrogen deposition in autumn[J]. Atmospheric Environment，2005，39：1749-1758.

[273] Spokes L J，Yeatman S G，Cornell S E，et al. Nitrogen deposition to the eastern Atlantic Ocean. The importance of south-easterly flow[J]. Tellus Series B-chemical & Physical Meteorology，2000，52（1）：37-49.

[274] 闫涵. 沙尘天气对中国近海大气气溶胶干沉降通量的影响[D]. 青岛：中国海洋大学，2011.

[275] Gao Y. Atmospheric nitrogen deposition to Barnegat Bay[J]. Atmospheric Environment，2002，36（38）：5783-5794.

[276] 毕言锋. 中国东部沿海的大气营养盐干、湿沉降及其对海洋初级生产力的影响[D]. 青岛：中国海洋大学，2006.

[277] 邹伟，王珩瑜，高建玲. N、P 通过大气干湿沉降方式向大亚湾输入量研究[J]. 海洋环境科学，2011，30（6）：843-846.

[278] 陈能汪，洪华生，肖健，等. 九龙江流域大气氮干沉降[J]. 生态学报，2006，26（8）：2602-2607.

[279] Martin，F and Hultber H. Dry deposition and internal circulation of nitrogen，sulphur and base

cations to a coniferous forest-ScienceDirect[J]. Atmospheric Environment，1999，33（27）：4421-4430.

[280] Sievering R H. Dry deposition of ammonia，nitric acid，ammonium，and nitrate to alpine tundra at Niwot Ridge，Colorado[J]. Atmospheric Environment，2001，35（6）：1105-1109.

[281] Sheeder S A，Lynch J A，Grimm J. Modeling atmospheric nitrogen deposition and transport in the Chesapeake Bay watershed[J]. Journal of Environmental Quality，2002，31（4）：1194-1206.

[282] Veron S R，Paruelo J M，Sala O E，et al. Assessment of the atmospheric nitrogen and sulphur inputs into the North Sea using a Lagrangian model[J]. Physics & Chemistry of the Earth，2002，27（7）：1507-1515.

[283] Leister D L，Baker J E. Atmospheric deposition of organic contaminants to the Chesapeake Bay[J]. Atmospheric Environment，1994，28（8）：1499-1520.

[284] Gigliotti C L，Totten L A，Offenberg J H，et al. Atmospheric concentrations and deposition of polycyclic aromatic hydrocarbons to the mid-atlantic east coast region[J]. Environmental Science & Technology，2005，39（15）：5550-5559.

[285] Schwarzenbach R P，Gschwend P M，Imboden D M. Environmental organic chemistry，3rd edition [M]. Hoboken John Wiley & Sons，Inc.，2016.

[286] Yaws C L. Chapter 11-diffusion coefficient in air-inorganic compounds[M]. Amsterdam Elsevier Inc.，2015.

[287] 陈景文，全燮. 环境化学[M]. 大连：大连理工大学出版社，2009.

[288] Glüge J，Bogdal C，Scheringer M，et al. Calculation of physicochemical properties for short-and medium-chain chlorinated paraffins[J]. Journal of Physical and Chemical Reference Data，2013，42（2）：23103.